·高等学校计算机基础教育教材精选·

Photoshop CS4 图形图像处理实验教程

赵祖荫 主编
陆洁 胡耀芳 王潇 编著

清华大学出版社
北京

内容简介

本书是《Photoshop CS4 图形图像处理教程》一书的配套实验教材。书中共10章，内容涵盖了《Photoshop CS4 图形图像处理教程》各章的主要知识点。在本教材每章中均设置了以下章节：实验目的、典型范例分析与解答、实验要求与提示、课外练习与思考。

本书弥补了《Photoshop CS4 图形图像处理教程》中例题与练习题较少的缺陷。本书可与主教材一起配套使用。

在本书的配套光盘中存放的是教材中的应用实例与本书范例和实验题中所用到的素材和结果，可供读者练习与参考。

本书可作为高等院校非计算机专业的教材，也可作为广大图形图像制作技术爱好者的自学教材。

图书在版编目（CIP）数据

Photoshop CS4 图形图像处理实验教程/赵祖荫主编；陆洁，胡耀芳，王潇编著．—北京：清华大学出版社，2011.4
（高等学校计算机基础教育教材精选）
ISBN 978-7-302-24565-0

Ⅰ.①P… Ⅱ.①赵… ②陆… ③胡… ④王… Ⅲ.①图形软件，Photoshop CS4—高等学校—教材 Ⅳ.①TP391.41

中国版本图书馆 CIP 数据核字(2011)第 009653 号

责任编辑：焦 虹 薛 阳
责任校对：梁 毅
责任印制：杨 艳

出版发行：清华大学出版社
http://www.tup.com.cn
社 总 机：010-62770175
投稿与读者服务：010-62795954，jsjjc@tup.tsinghua.edu.cn
质 量 反 馈：010-62772015，zhiliang@tup.tsinghua.edu.cn
地 址：北京清华大学学研大厦A座
邮 编：100084
邮 购：010-62786544
印 装 者：北京鑫海金澳印刷有限公司
经 销：全国新华书店
开 本：185×260 **印 张：**11.75 **字 数：**275千字
（附光盘1张）
版 次：2011年4月第1版 **印 次：**2011年4月第1次印刷
印 数：1～3000
定 价：23.00元

产品编号：040451-01

出版说明

在教育部关于高等学校计算机基础教育三层次方案的指导下，我国高等学校的计算机基础教育事业蓬勃发展。经过多年的教学改革与实践，全国很多学校在计算机基础教育这一领域中积累了大量宝贵的经验，取得了许多可喜的成果。

随着科教兴国战略的实施以及社会信息化进程的加快，目前我国的高等教育事业正面临着新的发展机遇，但同时也必须面对新的挑战。这些都对高等学校的计算机基础教育提出了更高的要求。为了适应教学改革的需要，进一步推动我国高等学校计算机基础教育事业的发展，我们在全国各高等学校精心挖掘和遴选了一批经过教学实践检验的优秀的教学成果，编辑出版了这套教材。教材的选题范围涵盖了计算机基础教育的三个层次，包括面向各高校开设的计算机必修课、选修课，以及与各类专业相结合的计算机课程。

为了保证出版质量，同时更好地适应教学需求，本套教材将采取开放的体系和滚动出版的方式（即成熟一本、出版一本，并保持不断更新），坚持宁缺毋滥的原则，力求反映我国高等学校计算机基础教育的最新成果，使本套丛书无论在技术质量上还是文字质量上均成为真正的“精选”。

清华大学出版社一直致力于计算机教育用书的出版工作，在计算机基础教育领域出版了许多优秀的教材。本套教材的出版将进一步丰富和扩大我社在这一领域的选题范围、层次和深度，以适应高校计算机基础教育课程层次化、多样化的趋势，从而更好地满足各学校由于条件、师资和生源水平、专业领域等的差异而产生的不同需求。我们热切期望全国广大教师能够积极参与到本套丛书的编写工作中来，把自己的教学成果与全国的同行们共同分享；同时也欢迎广大读者对本套教材提出宝贵意见，以便我们改进工作，为读者提供更好的服务。

我们的电子邮件地址是 jiaoh@tup. tsinghua. edu. cn。联系人：焦虹。

清华大学出版社

前言

本教材是《Photoshop CS4 图形图像处理教程》的配套教材，是为了弥补主教材中缺少例题和练习而编写的。本教材针对 Photoshop CS4 软件安排了涵盖主要知识点的范例和实验。在每章中设置以下栏目。

- 实验目的：阐述本章实验要达到的目的，让学习者明确学习的重点，有的放矢地进行学习和操作练习。
- 典型范例分析与解答：分析、解答与本章知识点密切相关的、有一定深度和难度的典型实例，使学习者能够举一反三、触类旁通，可作为教学补充例题。
- 实验要求与提示：围绕本章知识点精心组织实验操作题，并给出了操作的参考提示，可作为课堂练习题。让学习者能够通过操练，巩固和加深理解所学到的知识。
- 课外练习与思考：引导学生思考一些重要知识点的深层问题，加深理解和巩固各章节的知识点，题型有选择题、填空题和思考题。

本教材的编写原则是力求精简实用，从基础知识着手，详细介绍图形图像处理中最基本、最实用的知识和技巧，编写的操作题由浅入深，使学习者通过实验练习能较好地掌握图形图像制作中的基本知识和技巧，满足了学生自学、复习与练习的实际需要。

本教材共 10 章，其中每章主要内容与《Photoshop CS4 图形图像处理教程》各章节内容一一对应。本教材应与配套光盘一起使用，在配套光盘的文件夹中存放了《Photoshop CS4 图形图像处理教程》和本教材各章例题和实验所用到的素材和实验结果，可供学习者练习和参考。

本教材由赵祖荫主编，教材的第 1～10 章的典型范例分析与解答由陆洁编写；第 2～6 章的练习题由胡耀芳编写；第 1 章、第 7～10 章的练习题由赵祖荫编写；第 5～7 章、第 9 章中部分练习题由王潇编写。戴天平、李玉芫、盛敏佳、方亦心参与本教材部分章节和例题、练习的编写。黄文漪为本教材的编写提出很好的建议，在此表示感谢。本教材由赵祖荫拟定大纲，并统一书稿。

由于时间仓促，作者学识有限，书中不妥与疏漏之处敬请读者批评指正。

作　者

2010 年 9 月于上海

目录

第1章 平面设计与图形图像概述

1.1 实验目的

(1) 认识色彩,并初步使用【吸管工具】和【油漆桶工具】来采集色彩。

(2) 掌握吸取工具的使用和编辑方法,应用于采集和重构图片。

1.2 典型范例分析与解答

例 制作采集色彩,如图 1-1 所示。

图 1-1 采集色彩的样张

制作要求:

(1) 打开本章素材文件夹中的素材图像文件“1-2. jpg”,并以“采集色彩. psd”为文件名存储在本章结果文件夹中。

(2) 采集如图 1-1 所示样张左侧图片 A 区域的色彩到右侧相应的位置方框内,使用【吸管工具】吸取颜色,再使用【油漆桶工具】将颜色填充到右侧的 A 内。

(3) 采集如图 1-1 所示样张左侧图片 B 区域的色彩到右侧相应的位置方框内,使用【吸管工具】吸取颜色,再使用【油漆桶工具】将颜色填充到右侧的 B 内。

(4) 采集如图 1-1 所示样张左侧图片 C 区域的色彩到右侧相应的位置方框内,使用【吸管工具】吸取颜色,再使用【油漆桶工具】将颜色填充到右侧的 C 内。

(5) 采集如图 1-1 所示样张左侧图片 D 区域的色彩到右侧相应的位置 D 方框内,使用同样方法。

(6) 采集如图 1-1 所示样张左侧图片 E 区域的色彩到右侧相应的位置 E 方框内，使用同样方法。

(7) 采集如图 1-1 所示样张左侧图片 F 区域的色彩到右侧相应的位置 F 方框内，使用同样方法。

(8) 将制作完成的图片以“采集色彩.psd”为文件名保存在本章的结果文件夹中。

制作分析：

本例的难点在于观察、总结与采集左侧图片被白色线条分隔为 A、B、C、D、E、F 的 6 个区域内的色彩，然后填充到右侧 6 个方框内。

操作步骤：

(1) 将本章素材文件夹中的素材图像文件“1-2.jpg”打开，并选择【文件】|【存储】命令，以“采集色彩.psd”为文件名存储在本章结果文件夹中。

(2) 采集如图 1-2 所示左侧图片 A 区域的色彩到右侧相应的位置方框内，在工具箱中选择【吸管工具】，如图 1-3 所示，在 A 区域的颜色较深的区域选择蓝色，并在工具箱中选择【油漆桶工具】，如图 1-4 所示，在右侧 A 方形的框的白色区域上单击鼠标，将吸取的蓝色填充在白色区域内，如图 1-5 所示。

图 1-2 原始文件示意图

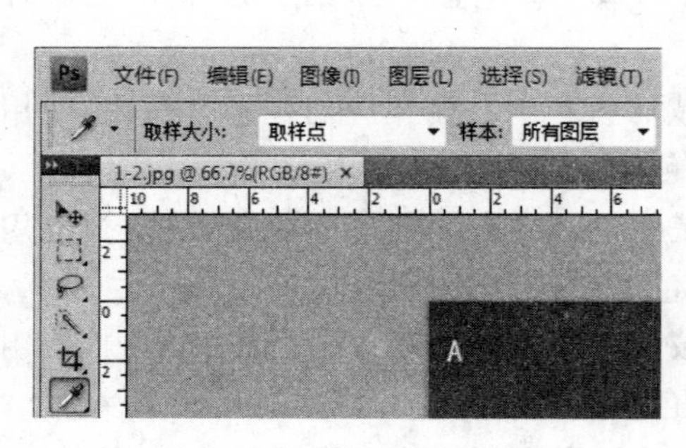

图 1-3 【吸管工具】示意图

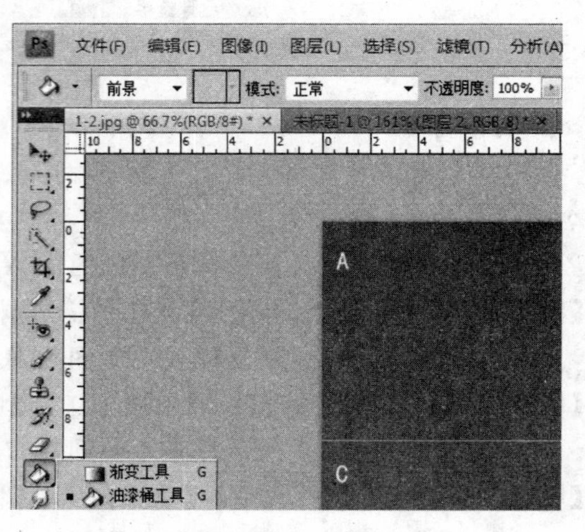

图 1-4 【油漆桶工具】示意图

再使用【吸管工具】分别选择图片A区域中间和较浅的蓝色，并再使用【油漆桶工具】在A方框的灰色和深灰色区域单击鼠标，填充颜色，如图1-6所示。

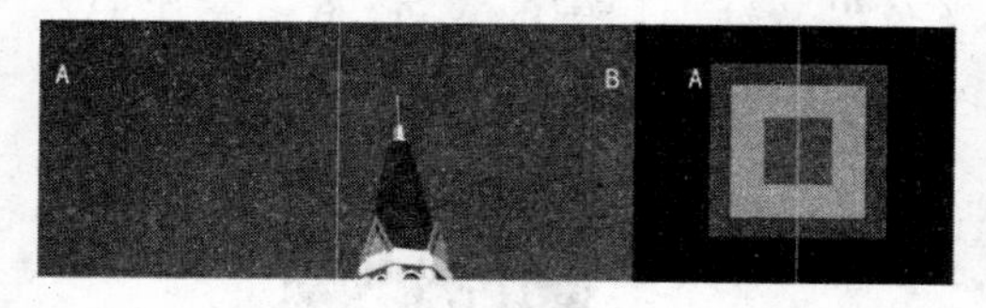

图1-5　使用【油漆桶工具】填充A方框的白色区域

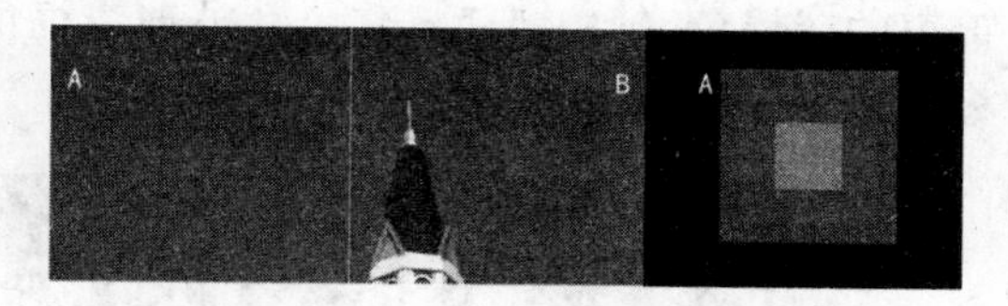

图1-6　再次使用【油漆桶工具】填充颜色

(3) 采集如图1-2所示左侧图片B区域的色彩到右侧相应的位置方框内，在工具箱中选择【吸管工具】，在B区域颜色较深的区域选择蓝色，并在工具箱中选择【油漆桶工具】，在右侧B方框的灰色区域上单击鼠标，将吸取的蓝色填充在白色区域内，如图1-7所示。

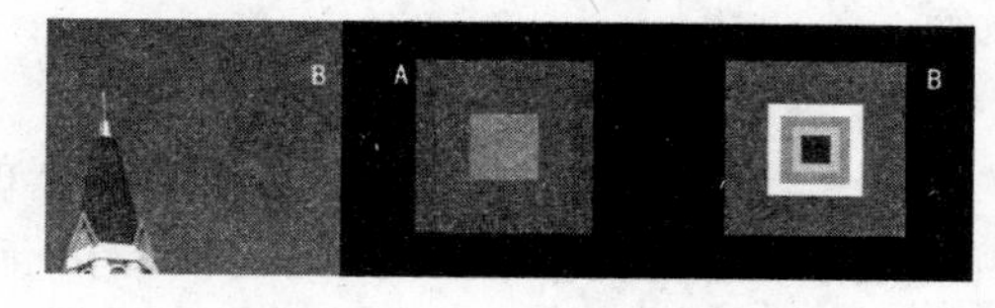

图1-7　使用【油漆桶工具】填充B方框的灰色区域

再使用【吸管工具】分别选择图片B区域较浅的蓝色，并再使用【油漆桶工具】在B方框的白色区域单击鼠标，填充颜色，如图1-8所示。按照上述方法采集B区域钟楼塔尖的深绿色、灰色和白色区域，再填充在B方框的剩余区域内，效果如图1-9所示。

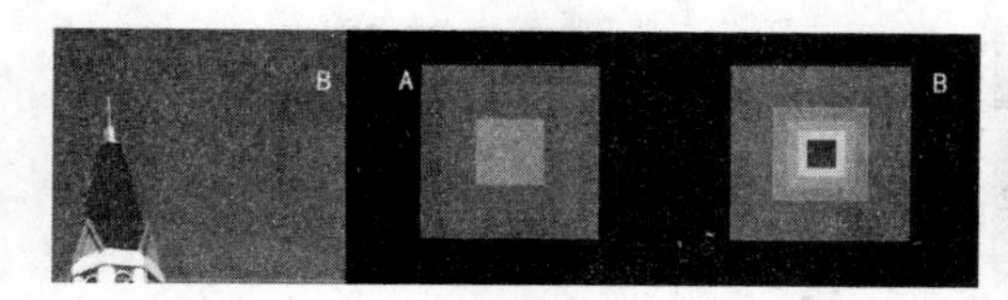

图1-8　使用【油漆桶工具】填充B方框的白色区域

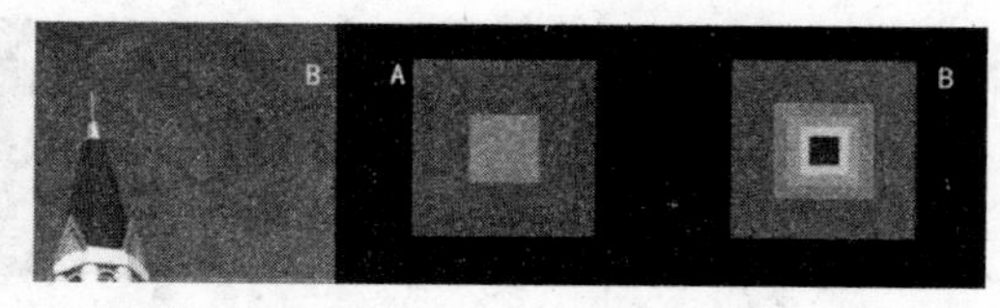

图1-9　使用【油漆桶工具】填充B方框的完成效果

(4) 采集如图1-2所示左侧图片C区域的色彩到右侧相应的位置方框内，在工具箱中选择【吸管工具】，在C区域的天空区域选择较深和较浅的蓝色，并在工具箱中选择【油漆桶工具】，在右侧C方框的灰色和白色区域上单击鼠标，将吸取的蓝色填充在白色区域内，如图1-10所示。

再使用【吸管工具】按照上述方法采集：分别选择图片C区域主楼墙面砖的白色、玻璃窗的绿色和玻璃窗框的黑色，再填充在C方框的剩余区域内，效果如图1-11所示。

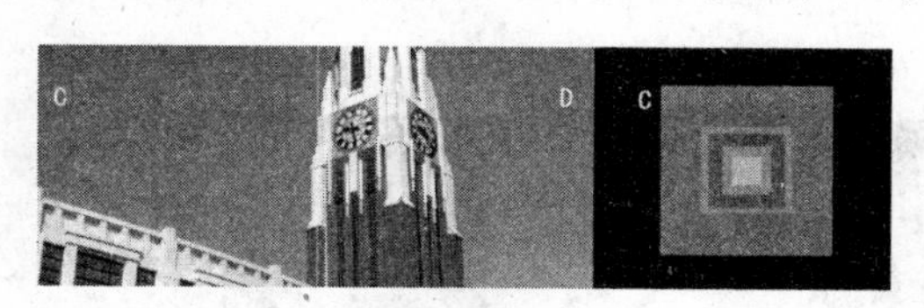

图1-10　使用【油漆桶工具】填充C方框的灰色白色区域

图1-11　使用【油漆桶工具】填充C方框的完成效果

(5) 采集如图1-2所示左侧图片D区域的色彩到右侧相应的位置D方框内，在工具箱中选择【吸管工具】，在D区域的天空区域选择蓝色，并在工具箱中选择【油漆桶工具】，在右侧D方框的白色区域上单击鼠标，将吸取的蓝色填充在白色区域内，如图1-12所示。

再使用【吸管工具】按照上述方法采集：分别选择图片D区域楼钟墙面砖的白色、玻璃窗的蓝绿色、钟楼墙面砖红色和玻璃窗框的黑色以及钟面周围的灰色，再填充在D方框的剩余区域内，效果如图1-13所示。

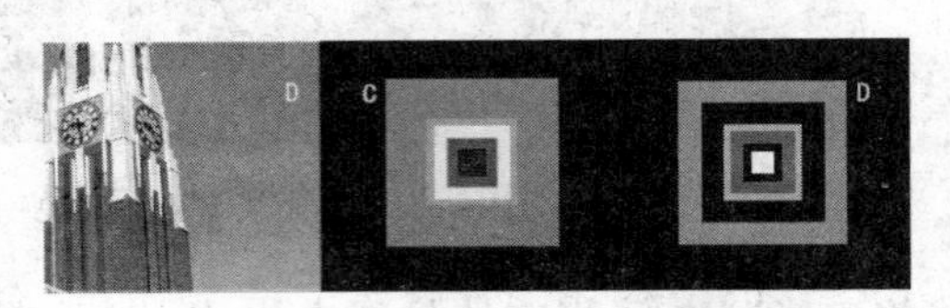

图1-12　使用【油漆桶工具】填充D方框的白色区域

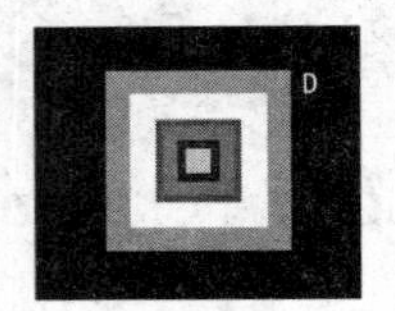

图1-13　使用【油漆桶工具】填充D方框的完成效果

(6) 采集如图1-2所示左侧图片E区域的色彩到右侧相应的位置E方框内，在工具箱中选择【吸管工具】，在E区域选择主楼墙面砖的白色，再在工具箱中选择【油漆桶工具】，在右侧E方框的白色区域上单击鼠标，将吸取的白色填充在白色区域内，如图1-14所示。

再使用【吸管工具】按照上述方法采集：分别选择图片E区域主楼墙面砖的红色和浅红色、玻璃窗的蓝绿色和浅蓝绿色、墙面砖灰色和玻璃窗框的黑色区域，再填充在E方框的剩余区域内，效果如图1-15所示。

图1-14　使用【油漆桶工具】填充E方框的白色区域

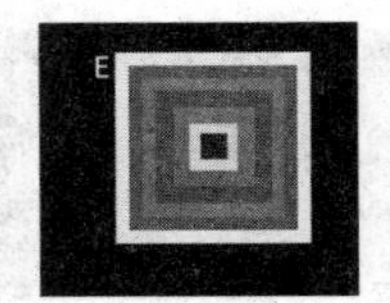

图1-15　填充E方框的完成效果

(7) 采集如图1-2所示左侧图片F区域的色彩到右侧相应的位置F方框内，在工具栏中选择【吸管工具】，在F区域选择主楼墙面砖的红色，在工具箱中选择【油漆桶工具】，并在右侧F方框的灰色区域上单击鼠标，将吸取的红色填充在灰色区域内，如图1-16所示。

再使用【吸管工具】按照上述方法采集：分别选择图片F区域主楼墙面砖的白色、天空的浅蓝色、玻璃窗的蓝绿色、玻璃窗框的黑色和墙面砖灰色区域，再填充在F方框的剩余区域内，效果如图1-17所示。

图1-16　使用【油漆桶工具】填充F方框的灰色区域

图1-17　填充F方框的完成效果

(8) 将制作完成的图片保存在本章的结果文件夹中，以“采集色彩.psd”为文件名保存，如图1-18所示。

例 1.2 制作梵高画作的色彩采集与重构，如图 1-19 和图 1-20 所示。

图 1-18 采集色彩完成后的效果

图 1-19 梵高的原图

图 1-20 色彩采集与重构后的样张

制作要求：

(1) 打开本章素材文件夹中图“1-21.jpg”，并以重构的“梵高.jpg”文件名存储在本章结果文件夹中。

(2) 使用【吸管工具】吸取颜色，并用【油漆桶工具】将吸取的颜色填充在相应的区域内。

(3) 使用【吸管工具】吸取墙面、草地、小河流的颜色，并用【油漆桶工具】将吸取的颜色填充在相应的区域内。

(4) 使用【吸管工具】吸取道路、农妇的上衣和裙子的颜色，并用【油漆桶工具】将吸取的颜色填充在相应的区域内。

(5) 使用【吸管工具】吸取教堂的窗户和窗框、教堂屋顶和柱子的颜色，并用【油漆桶工具】将吸取的颜色填充在相应的区域内。

(6) 使用【吸管工具】吸取教堂底部地面的轮廓线和地面、草地、道路的轮廓线的颜色，并用【油漆桶工具】将吸取的颜色填充在相应的区域内。

(7) 将制作完成的图片保存在本章结果文件夹中，以“采集与重构的梵高.jpg”为文件名保存文件。

制作分析：

本例的难点在于：在采集左侧图片中区域色彩的选择，在选择该区域时先用眼睛对该区域的颜色加以分析整理，选择合适的颜色，并将颜色在右侧区域中填充。

操作步骤：

(1) 打开本章素材文件夹中如图 1-21 所示的图像文件“1-21.jpg”，并选择【文件】|【存储】命令，以“重构的梵高.jpg”为文件名存储在本章结果文件夹中。

图 1-21　素材文件的元文件

(2) 在工具箱中选择【吸管工具】，采集如图 1-21 所示的左侧图片天空中较深的蓝色区域，并在工具箱中选择【油漆桶工具】，在右侧黑白图形中的上方相应天空区域单击鼠标，将吸取的深蓝色填充在该区域内，如图 1-22 所示。

再使用【吸管工具】，分别选择如图 1-21 所示的左侧图片天空区域的中间和较浅的蓝色，并再使用【油漆桶工具】在右侧的天空区域分别单击鼠标，填充颜色，如图 1-23 所示。

图 1-22　填充天空中较深的蓝色

图 1-23　填充天空中较浅的蓝色

(3) 在工具箱中选择【吸管工具】，采集如图 1-21 所示的左侧图中教堂窗框周围的墙面黄色，并在工具箱中选择【油漆桶工具】，在右侧黑白图形中的教堂墙面的区域多次单击鼠标，将吸取的黄色填充在该区域内，如图 1-24 所示。

再使用【吸管工具】，选择如图 1-21 所示的左侧图片教堂前的草地深绿色和浅黄绿色以及左侧小河流的灰蓝色，并再使用【油漆桶工具】在右侧黑白图形的草地和小河流区域分别单击鼠标，填充颜色，效果如图 1-25 所示。

图 1-24 填充教堂墙面的黄色

图 1-25 填充教堂前草地和河流的颜色

(4) 在工具箱里选择【吸管工具】，采集如图 1-21 所示的左侧图中画面前面的道路浅橘黄色，并在工具箱中选择【油漆桶工具】，在右侧黑白图形中的道路区域单击鼠标，将吸取的浅橘黄色填充在该区域内，如图 1-26 所示。

再使用【吸管工具】，选择如图 1-21 所示的左侧图片道路上走路农妇的上衣的白色和裙子的灰蓝色，并再使用【油漆桶工具】在右侧黑白图形的人物区域分别单击鼠标，填充颜色，效果如图 1-27 所示。

图 1-26 填充道路浅橘黄色

图 1-27 填充农妇的衣裙的颜色

(5) 在工具箱中选择【吸管工具】，采集如图 1-21 所示的左侧图中教堂窗户的深蓝色和窗框的黑色，并在工具箱中选择【油漆桶工具】，在右侧图中教堂的窗户和窗框区域分别单击鼠标，将吸取的颜色分别填充在该区域内，效果如图 1-28 所示。

再使用【吸管工具】，选择如图 1-21 所示的左侧图中教堂屋顶的颜色灰绿色、蓝色、橘黄色以及柱子的灰蓝色和灰橘色，并再使用【油漆桶工具】在右侧图形的相应区域分别单击鼠标，填充颜色，效果如图 1-29 所示。

(6) 在工具箱中选择【吸管工具】，单击如图 1-21 所示的教堂底部地面较深的轮廓

图 1-28　填充教堂的窗户和窗框颜色

线，采集其黑色，在右侧图中教堂的周围轮廓线、地面、草地、道路的轮廓线上分别单击鼠标，填充黑色，效果如图 1-30 所示。

图 1-29　填充教堂的屋顶和柱子等的颜色

图 1-30　填充轮廓线

(7) 将制作完成的图片保存在本章结果文件夹中，以"采集与重构的梵高.jpg"为文件名保存。

1.3　实验要求与提示

(1) 打开本章素材文件夹中的图像文件"黑白.jpg"，如图 1-31 所示。请使用色彩原理制作色彩的对比与调和，制作出如图 1-32 所示的效果图，结果用"对比与调和.jpg"为文件名保存在结果文件夹中。

操作提示：

参照例 1.1 完成练习，制作成如样张所示的效果。

(2) 打开本章素材文件夹中素材图像文件"噩梦.jpg"，如图 1-33(a)所示，用色彩的采集与重构完成图像制作，参考图像如图 1-33(b)所示。

图 1-31　素材文件“黑白.jpg”

图 1-32　结果图像

(a) 原始图像“噩梦.jpg”

(b) 参考图像

图 1-33　色彩的采集与重构练习 1

操作提示：

原图“噩梦.jpg”表现的是大海中的怪物想吞噬这条船，这条船的命运、前途岌岌可危，船夫拿起武器奋力自卫，与黑暗和丑恶抗争。从画面中可以联想到这是一场噩梦，用采集与重构表现噩梦形成的过程，以及与黑暗和丑恶抗争。

(3) 打开本章素材文件夹中素材图像文件“涂鸦.jpg”，如图 1-34(a)所示，用色彩的采集与重构完成图像制作，参考图像如图 1-34(b)所示。

(a) 原始图像“涂鸦.jpg”

(b) 参考图像

图 1-34　色彩的采集与重构练习 2

操作提示：

原图“涂鸦.jpg”是街头文化的表现，这种嬉哈文化张扬的是不羁的个性。用简洁、明快的手法来表现原图的特色。

1.4 课外思考与练习

1. 选择题

(1) 平面设计的基本元素表面看似很复杂，事实上主要有三大元素，下面不属于平面设计的基本元素的选项是什么？(　　)

A. 图形　　B. 视频　　C. 色彩　　D. 文字

(2) 下列哪种图形图像的格式是矢量图的格式？(　　)

A. JPEG　　B. GIF　　C. WMF　　D. BMP

(3) 客观世界的色彩千变万化，而色彩是具有 3 种最基本的特性，也称为色彩的三元素，下列哪项选择不属于色彩三元素？(　　)

A. 亮度　　B. 色相　　C. 纯度　　D. 明度

(4) 下列不属于纯矢量图形处理软件的是哪个选项？(　　)

A. CorelDRAW　　B. Freehand　　C. Illustrator　　D. Fireworks

(5) gif 是目前较为流行的图像文件格式，下列哪个选项不是这种图像文件格式的特性？(　　)

A. 支持背景透明色　　B. 支持 512 色

C. 支持动态图像　　D. 支持无损压缩

(6) JPEG 是目前较为流行的图像文件格式，下列哪个选项不是这种图像文件格式的特性？(　　)

A. 支持背景透明色　　B. 支持真彩色

C. 支持静态图像　　D. 支持有损压缩

2. 填空题

(1) 图形一般可用计算机软件绘制，是由点、线、面等元素组合而成的，又常被称为________。

(2) 图像是可由计算机输入设备捕捉的实际场景的画面，或以数字化形式存储的画面，又称为________。

(3) 在图形、图像处理中常常要考虑精度与清晰度，与图形、图像精度和清晰度有关的两个基本概念是________和________。

(4) 分辨率主要是指图像文件中________内像素点的多少。

(5) 在图形、图像处理中常用的分辨率有________、________、________和________。

3. 思考题

（1）图片常用的格式有哪些？PSD、BMP、AI、SWF、GIF、PDF 等格式都是 Photoshop 可以支持的图片格式吗？

（2）什么是图片的分辨率？分辨率越高的图片质量越差吗？用于印刷的图片分辨率应达到多少？

（3）试说明色彩的三要素及相互关系。

（4）如何采集和重构图片中的色彩？

第2章 Photoshop CS4基础

2.1 实验目的

(1) 了解和熟悉 Photoshop CS4 的基本工作环境。

(2) 掌握图像文件的浏览、打开和保存的基本操作。

(3) 掌握图像的基本操作方法。

(4) 掌握 3D 功能的基本操作和应用。

2.2 典型范例分析与解答

例 2.1 制作如图 2-1 所示的向日葵镜框。

制作要求：

(1) 打开本章素材文件夹中的“向日葵.jpg”文件。

(2) 使用【裁剪工具】，裁剪向日葵图片并将画面放置成水平状。使用【矩形选框工具】在画面的花朵位置建立矩形选框，将选区复制到剪贴板上。

(3) 新建文件，设置文件的【宽度】为 600 像素，【高度】为 800 像素。使用【移动工具】将粘贴的图片移动到画面左侧边缘位置。

(4) 使用同样的方法，在“向日葵.jpg”图片中，将图片选区复制到向日葵镜框文件中，再使用【移动工具】移动到合适位置。直到完成全部操作。

(5) 完成制作后，将图片以“向日葵镜框.psd”为文件名保存在本章结果文件夹中。

图 2-1 向日葵镜框的样张

制作分析：

本案例是利用 Photoshop CS4 中对图像的基本操作和编辑功能，以及对图片选区的创建、复制和粘贴等操作，对图片进行编辑处理，制作如图 2-1 所示的向日葵镜框。

实现此案例主要使用【裁剪工具】、【矩形选框工具】和【移动工具】，在制作向日葵镜框时，必须注意：在排列镜框周围的图片时应当错落有致，不要排列成一条水平线或者垂直线。

案例的难点在于：掌握【裁剪工具】的使用方法，应用【裁剪工具】的旋转功能实现旋转画面至水平的操作，注意裁剪和裁切命令的区别。

操作步骤：

(1) 启动 Photoshop CS4 应用程序，选择【文件】|【打开】命令，打开本章素材文件夹中的"向日葵.jpg"文件。

(2) 在工具箱中选择【裁剪工具】，在打开的向日葵图片的合适位置单击鼠标并拖曳，划出选区，裁剪该区域如图 2-2 所示，将图片周围的白色区域裁剪掉。旋转选区，并双击鼠标，将图片水平放置，如图 2-3 所示。在工具箱中选择【矩形选框工具】，在画面的花朵位置单击鼠标，并拖曳和释放，创建一个如图 2-4 所示的矩形选区，并按 Ctrl+C 快捷键，将选区复制到剪贴板上。

图 2-2　裁切部分画面

图 2-3　裁切后的画面

(3) 选择【文件】|【新建】命令，在弹出的对话框中输入名称"向日葵镜框"，按要求设置文件大小。按 Ctrl+V 快捷键，将选区图片复制到新文件中。在工具箱中选择【移动工具】，将粘贴的图片移动到画布左侧边缘位置，如图 2-5 所示。

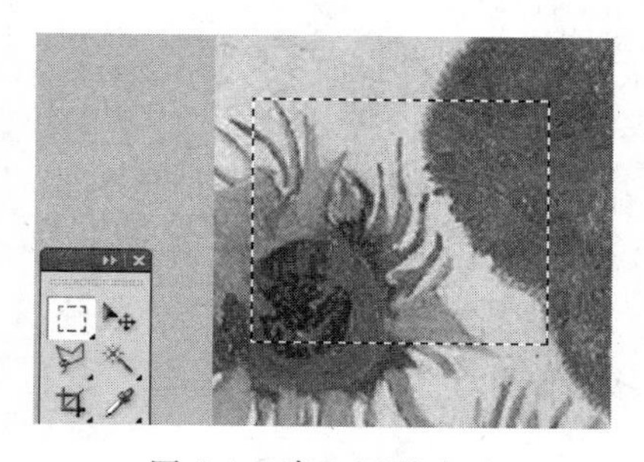

图 2-4　建立矩形选区

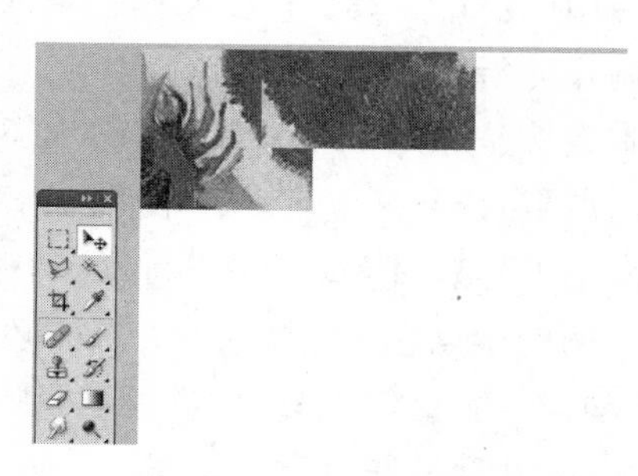

图 2-5　复制和粘贴选区

(4) 使用同样的方法，到图片"向日葵.jpg"中，在工具箱中选择【矩形选框工具】，将鼠标放置到矩形选框内部，单击鼠标并拖曳该选框到合适位置。再按 Ctrl+C 快捷键，到向日葵镜框文件中，按 Ctrl+V 快捷键，将选区图片复制到新文件中。在工具箱中选择【移动工具】，将粘贴的图片移动到画面左侧边缘位置。

使用同样的方法，到图片“向日葵.jpg”中，移动选区，复制和粘贴选区图片到向日葵镜框文件中，并排列在画面的左侧和上方，如图 2-6 所示。然后复制到画面的右侧和下方。

(5) 完成制作后，选择【文件】|【存储为】命令，输入文件名“向日葵镜框.psd”保存操作结果。

例 2.2 制作如图 2-7 所示的新年大吉贺年卡片。

图 2-6 复制和粘贴选区到镜框左侧和上方

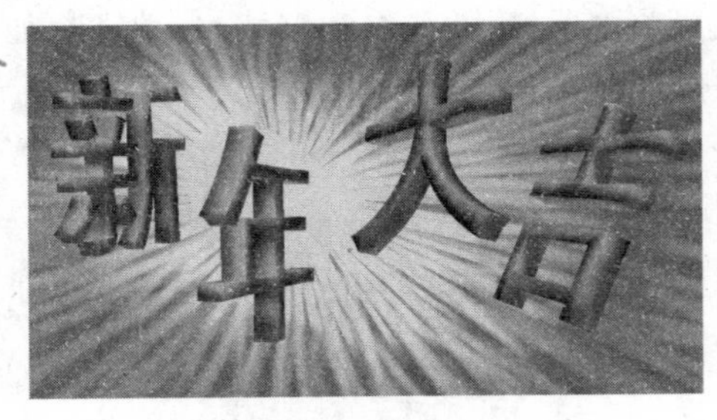

图 2-7 新年大吉样张

制作要求：

(1) 打开本章素材文件夹中“背景图 1.jpg”文件，并以“新年大吉.psd”为文件名保存在本章结果文件夹中。

(2) 导入本章素材文件夹中的“新.3ds”文件，新建【3D 图层 1】，导入一个 3D“新”字。

(3) 使用【3D 旋转工具】和【3D 比例工具】，将文字适当调整，再使用【3D 滑动工具】，将文字移动到画面的左侧。

(4) 使用同样的方法，分别导入“年.3ds”文件、“大.3ds”文件和“吉.3ds”文件。使用工具箱中的【3D 工具】对文字旋转、缩放和移动，按样张排放。

制作分析：

本案例是利用 Photoshop CS4 的 3D 功能完成的。实现此案例主要使用【从 3D 文件新建图层】命令导入 3D 文字，使用 3D 对象工具组中的【3D 旋转工具】、【3D 比例工具】和【3D 滑动工具】，对 3D 文字进行旋转、缩放和调整位置，操作结果如图 2-7 所示。

案例的难点在于：导入 3D 图像必须使用【从 3D 文件新建图层】命令。使用 3D 旋转、移动、滑动、比例工具时，需要适当控制鼠标的移动，分别将 4 个文字调整到合适的方向和大小，并存放在合适的位置。

操作步骤：

(1) 选择【文件】|【打开】命令，打开本章素材文件夹中的“背景图 1.jpg”文件，选择【文件】|【储存为】命令，在弹出的对话框中输入“新年大吉.psd”，并单击【确认】按钮。将文件保存在本章结果文件夹中。

(2) 选择 3D|【从 3D 文件新建图层】命令，选择本章素材文件夹中的“新.3ds”文件。

新建【3D 图层 1】，导入一个 3D“新”字，如图 2-8 所示。

(3) 在工具箱中选择【3D 旋转工具】，将“新”字顺时针旋转；选择【3D 比例工具】，将文字适当缩小；选择【3D 滑动工具】，将文字移动到画面的左侧，如图 2-9 所示。

图 2-8　新建 3D 图层

图 2-9　旋转、缩放和滑动文字到画面左侧

(4) 使用同样的方法，选择 3D|【从 3D 文件新建图层】命令，选择本章素材文件夹中的“年.3ds”文件，新建【3D 图层 2】，导入一个 3D“年”字，在工具箱中选择【3D 工具】将文字旋转、缩放和移动到“新”字右侧。

(5) 使用同样的方法，选择 3D|【从 3D 文件新建图层】命令，选择本章素材文件夹中的“大.3ds”文件，新建【3D 图层 3】，导入一个 3D“大”字，在工具箱中选择【3D 工具】将文字旋转、缩放和移动到“年”字右侧。

(6) 使用同样的方法，选择 3D|【从 3D 文件新建图层】命令，选择本章素材文件夹中的“吉.3ds”文件，新建【3D 图层 4】，导入一个 3D“吉”字，在工具箱中选择【3D 工具】将文字旋转、缩放和移动到“大”字右侧，按样张排放。

(7) 完成制作后，选择【文件】|【存储】命令，保存操作结果。

2.3　实验要求与提示

(1) 打开本章素材文件夹中的“梅花.jpg”文件，如图 2-10 所示。按下列要求对图片进行编辑，操作结果以“梅花.psd”为文件名保存在本章素材文件夹中。

图 2-10　样张 1

① 按样张 1 对图片裁剪，并按比例将裁剪图片的宽度缩小为 500 像素，垂直翻转。

② 将【背景色】设置为 # 0131B1，顺时针旋转 15 度。

(2) 打开本章素材文件夹中的“田园.jpg”文件，如图 2-11 所示。按下列要求对图片进行编辑，操作结果以“田园.psd”为文件名保存在本章素材文件夹中。

① 按样张 2 裁剪图片。

② 重新设置画布的宽度为 4.2 厘米，高为 2.8 厘米，颜色为黑色。

③ 为图像四周居外描边，宽度为 3 像素，白色。

④ 输入文字“田园风光美如画”，文字的格式为华文行楷、白色、4 点，按样张 2 排放。

操作提示：

描边的操作，使用【矩形选框工具】创建选区，选择【编辑】|【描边】命令。文字操作，在工具箱中选中【文字工具】，在工具选项栏中设置字体、大小、颜色，输入文字。

(3) 打开本章素材文件夹中的“立方体.jpg”和“雪山.jpg”文件，使用【矩形选框工具】在雪山图片上创建选区，并将选区复制到立方体上，按如图 2-12 所示样张 3 对图片进行编辑，操作结果以“立方体.psd”为文件名保存在本章素材文件夹中。

图 2-11　样张 2

图 2-12　样张 3

操作提示：

图片的变形使用【编辑】|【变换】|【扭曲】命令。

(4) 打开本章素材文件夹中的“花瓶.jpg”和“蝴蝶.jpg”文件，将蝴蝶适当缩小、旋转一定角度，放到花瓶图片上按如图 2-13 所示样张 4 排放，操作结果以“花瓶.psd”为文件名保存在本章素材文件夹中。

图 2-13　样张 4

操作提示：

本操作应用【文件】|【置入】命令，将蝴蝶放到花瓶图片上。请注意【置入】命令和【打开】命令的区别。

(5) 打开本章素材文件夹中的“海浪.jpg”文件，按下列要求对图片进行编辑，操作结果以“啤酒罐.psd”为文件名保存在本章素材文件夹中。

① 对图片裁剪。按如图 2-14 所示样张 5 将图片转换为易拉罐形状的 3D 图像。

② 按样张输入文字“清醇啤酒”，文字的格式为：隶书、8 点、竖排；颜色为黄色。

操作提示：

文字操作，在工具箱中选择【文字工具】，在工具选项栏中设置字体、大小、颜色、文字排列方向，输入文字。

(6) 按下列要求对图片进行编辑，操作结果以“美酒.psd”为文件名保存在本章素材文件夹中。

① 打开本章素材文件夹中的“葡萄园.jpg”文件，对图片裁剪。将图片转换为酒瓶形状的3D图像，并使用3D工具对其编辑。

② 打开本章素材文件夹中的“美酒.jpg”文件，将酒瓶复制到本图片，适当缩放大小，按如图2-15所示样张6排放。

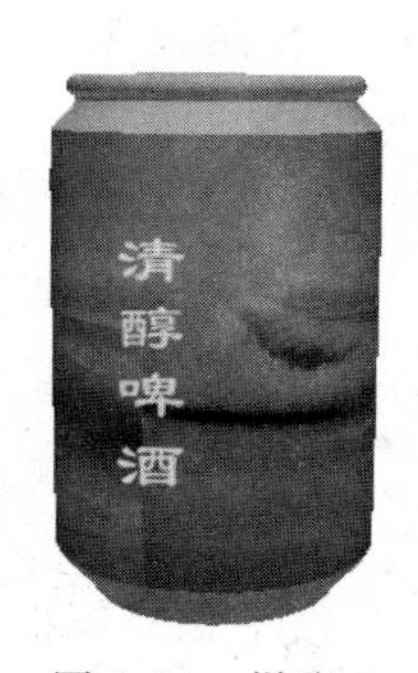

图2-14 样张5

图2-15 样张6

(7) 按下列要求对图片进行编辑，操作结果以“鹅.psd”为文件名保存在本章素材文件夹中。

① 打开本章素材文件夹中的“鹅.jpg”文件，图像按比例宽度缩小为500像素，添加如图2-16所示样张7的3D双平面效果。

② 裁切图像四周透明的部分。

(8) 按下列要求对图片进行编辑，操作结果以“人物.psd”为文件名保存在本章素材文件夹中。

① 打开本章素材文件夹中的“葡萄园.jpg”文件，制作帽子形状效果的3D图像。

② 打开本章素材文件夹中的“人物.jpg”文件，将画布的高度放大，去掉蓝色背景色和黑色框线，将帽子复制到本图中，适当缩放、旋转按如图2-17所示样张8排放。

③ 裁切图像四周的多余部分，保存操作结果。

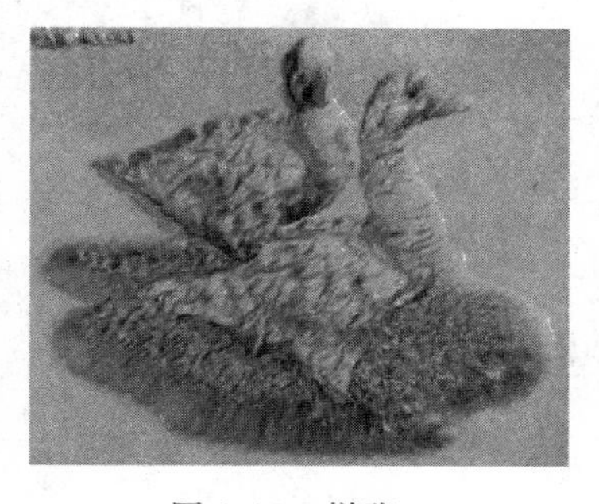
图2-16 样张7

图2-17 样张8

操作提示：

画布的放大，选择【图像】|【画布大小】命令。注意【画布大小】命令和【图像大小】命令的区别。去掉蓝色背景使用【魔棒工具】；去掉黑色框线使用【橡皮擦工具】。

(9) 按下列要求对图片进行编辑，操作结果以“新年.psd”为文件名保存在本章素材文件夹中。

① 打开本章素材文件夹中的“新年.jpg”和“虎.jpg”文件，将虎复制到新年图片中，适当缩小，按如图2-18所示样张9排放。

② 打开本章素材文件夹中的“大象.jpg”文件，将大象复制到新年图片中，适当缩小，按样张9排放。

③ 分别将本章素材文件夹中的“年.3ds”和“吉.3ds”文件导入新年图片中，利用3D工具缩放、旋转和移动功能编辑3D文字，按样张9排放。

④ 按样张输入文字“万事如意”，文字的格式为：华文彩云、36点、白色。文字变形样式为【下弧】。

操作提示：

虎和大象的选择，使用【磁性套索工具】。文字操作，在工具箱中选中【文字工具】，在工具选项栏中设置字体、大小、颜色，输入文字；文字的变形操作，在工具选项栏中单击【创建文字变形】按钮。

(10) 打开本章素材文件夹中的“茶壶.3ds”和“背景图2.jpg”文件，参照例2.2，制作成如图2-19所示的操作效果。操作结果以“茶壶.psd”为文件名保存在本章素材文件夹中。

图2-18　样张9

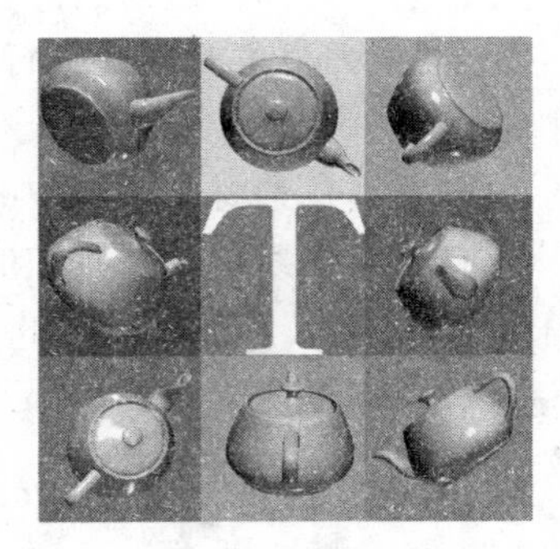

图2-19　样张10

(11) 应用Bridge CS4对上述操作结果添加标记，并以不同模式浏览图片。

2.4　课外练习与思考

1. 选择题

(1) 下面(　　)不属于Photoshop CS4的功能。

A. 创建网页动画　　B. 绘画

C. 修复相片　　D. 专业排版

(2) 下面不属于矢量软件的是(　　)。

A. Illustrator　B. CorelDRAW　C. Freehand　D. Photoshop

(3) (　　)文件格式能够支持 Photoshop CS4 的全部特征。

A. JPEG　B. BMP　C. PSD　D. GIF

(4) 下面的调板中不属于 Photoshop 的调板是(　　)。

A. 图层调板　B. 变换调板　C. 颜色调板　D. 路径调板

(5) 在 Photoshop CS4 中打开多个文档,(　　)快捷键可以在这些文档中进行切换。

A. Ctrl+Tab　　B. Shift+Tab

C. Alt+Tab　　D. Tab

(6) 下面命令中,有些可以用来得到一幅画的部分内容,而与得到部分图像有关系的命令是(　　)。

A.【翻转】　B.【图像大小】　C.【画布大小】　D.【复制】

(7) 下列操作中(　　)能完成 3D 对象上下左右沿中心轴翻转。

A. 按住 Ctrl 键并上下左右拖动 3D 对象

B. 按住 Shift 键并上下左右拖动 3D 对象

C. 按住 Alt 键并上下左右拖动 3D 对象

D. 使用上下左右拖动 3D 对象

(8) 在 Bridge CS4 中有许多对文件和图片操作、管理的功能,下面(　　)不是。

A. 显示最近文件

B. 将图片顺时针或逆时针旋转 90 度

C. 放大或缩小图片

D. 将当前选择的图像在 CameraRaw 中打开进行编辑

2. 填空题

(1) Photoshop CS4 的工作界面由标题栏、________、________、________、________、________和状态栏组成。

(2) 选择【文件】菜单下的________命令,可以保存图像文件;选择【文件】菜单下的________命令,可以打开图像文件。

(3) 新建文件、打开文件和保存文件的快捷键分别是________、________和________。

(4) 在 Photoshop CS4 中使用________可以较好地对文件和图片进行分类与管理。

(5) 图像的 3 种屏幕显示方式分别是________、________和________。

(6) 使用________命令将 2D 图像转换成 3D 对象。

(7) 使用【3D 对象工具组】可以更改 3D 对象的________或________。

(8) 使用【3D 相机工具组】可以更改________。

(9) 按住________键,再按“-”键将缩小图像,按“+”键将放大图像。

(10) 在编辑图像中，可以使用________命令、________命令和________调板等工具撤销所做的修改。

3. 思考题

(1) 如何打开一个图片文件并置入到当前的文件中？

(2) 使用【图像大小】和【画布大小】来调整图片的大小有什么差别？

(3) 如何改变画布的大小和方位？

(4) 如何使用测量工具？打开标尺的快捷方式是什么？

(5) Photoshop CS4 新增的 3D 功能可以用来做什么？

(6) 通过改变图像分辨率大小和图像大小都可以调整图像本身的大小，两者之间有什么不同之处？

第3章 图像的选择

3.1 实验目的

(1) 掌握选取区域的工具使用方法，正确地创建规则和不规则的选区。

(2) 掌握各种选区的调整、修改和变换方法。

(3) 掌握选区图像内容的编辑方法。

3.2 典型范例分析与解答

例 3.1 制作如图 3-1 所示的按钮。

制作要求：

(1) 打开本章素材文件夹中“背景图 1.jpg”文件，并以“按钮.psd”为文件名存储在本章结果文件夹中。

(2) 新建图层，使用【椭圆选框工具】在背景图上创建正圆选区，使用【油漆桶工具】在圆形选区填充黑色。

(3) 新建【图层 2】，在【拾色器】中选择紫色，收缩选区，使用【油漆桶工具】填充紫色。

(4) 新建【图层 3】，收缩和羽化选区，使用【油漆桶工具】在紫色圆形中间绘制白色圆形。

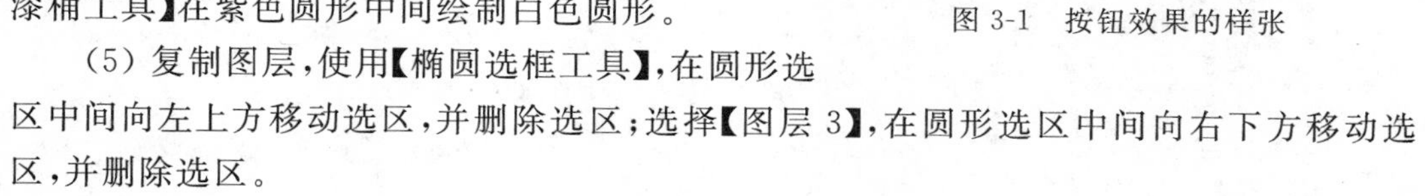

图 3-1 按钮效果的样张

(5) 复制图层，使用【椭圆选框工具】，在圆形选区中间向左上方移动选区，并删除选区；选择【图层 3】，在圆形选区中间向右下方移动选区，并删除选区。

(6) 新建【图层 4】，使用【椭圆选框工具】在紫色圆形中间创建正圆选区，并使用【油漆桶工具】为选区填充黑色。

(7) 新建【图层 5】，使用【多边形套索工具】在黑色圆形左侧绘制两个三角形，并使用【油漆桶工具】在三角形内填充灰色，完成两个箭头的制作。

(8) 载入选区，使用【矩形选框工具】减少选区。使用【油漆桶工具】填充白色。

(9) 使用【多边形套索工具】制作斜边，使用【油漆桶工具】填充深灰色。

制作分析：

本案例是利用多种选框工具创建选区、对选区填充颜色，及对选区进行编辑处理等操作完成如图 3-1 所示的按钮。

实现此案例主要使用【椭圆选框工具】、【多边形选框工具】和【套索工具】，制作按钮和按钮中的箭头，使用【油漆桶工具】填充颜色，使用【收缩】和【羽化】命令使按钮具有颜色的变化和立体感。

本例的难点在于：正确地选择和使用选框工具，掌握选区的载入与编辑操作和对选区的羽化的操作，以及使用【套索工具】绘制正三角形。

操作步骤：

(1) 打开本章素材文件夹中“背景图 1.jpg”文件，选择【文件】|【存储为】命令，以“按钮.psd”为文件名将其存储在本章结果文件夹中。

(2) 选择【图层】|【新建】|【图层】命令，在弹出的对话框中单击【确定】按钮。在工具箱中选择【椭圆选框工具】，在工具选项栏中将【样式】设置为固定大小；【宽度】设置为 250px；【高度】设置为 250px。在新图层上创建正圆形选区。

将【前景色】设置为黑色，使用工具箱中的【油漆桶工具】将圆形选区填充为黑色。

(3) 选择【图层】|【新建】|【图层】命令，在弹出的对话框中单击【确定】按钮，新建【图层 2】。用鼠标左键单击工具箱中的【前景色】，在弹出的【拾色器(前景色)】对话框中输入“#e114e1”。选择【选择】|【修改】|【收缩】命令，在弹出的对话框中设置收缩 3 像素。在工具箱中选择【油漆桶工具】，将圆形选区填充为紫色，如图 3-2 所示。

(4) 选择【图层】|【新建】|【图层】命令，在弹出的对话框中单击【确定】按钮，新建【图层 3】。选择【选择】|【修改】|【收缩】命令，在弹出的对话框中设置收缩 3 像素并确认。选择【选择】|【修改】|【羽化】命令，在弹出的对话框中将参数设置为 3 像素并确认。在工具箱中选择【油漆桶工具】，用鼠标左键单击工具箱中的【切换前景色与背景色】按钮，将【前景色】设置为白色，使用【油漆桶工具】在紫色圆形中间填充白色，如图 3-3 所示。

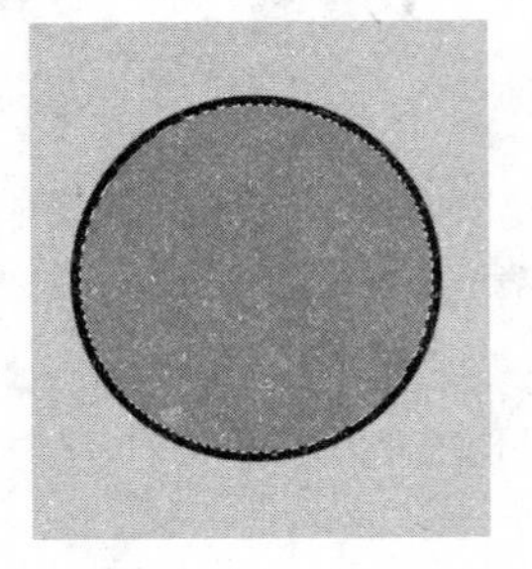

图 3-2　缩小的紫色圆形

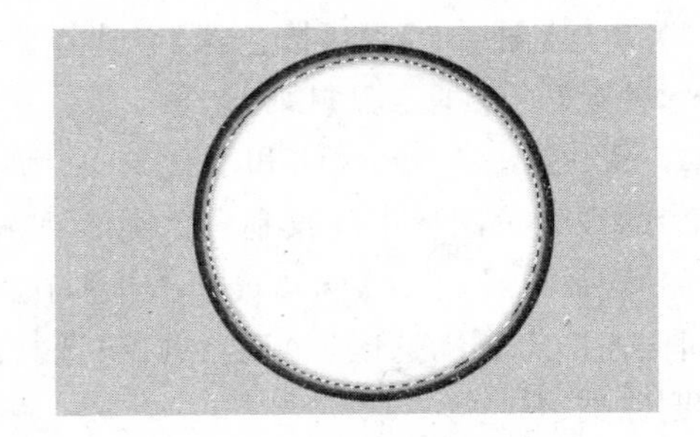

图 3-3　绘制羽化的白色圆形

(5) 选择【图层】|【复制图层】命令，在弹出的对话框中单击【确定】按钮，复制为【图层 3】的副本。在工具箱中选择【椭圆选框工具】，在圆形选区中间向左上方移动选区，如图 3-4 所示，按 Delete 键将其删除。选择【图层 3】，在圆形选区中间向右下方移动选区，如图 3-5 所示，按 Delete 键将其删除。

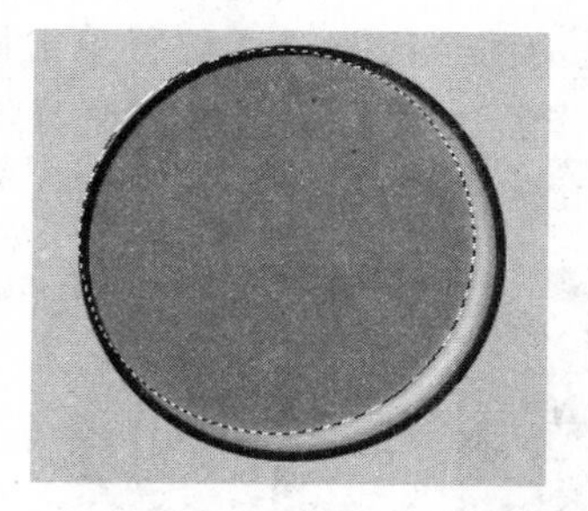

图 3-4　复制【图层 3】为图层 3 的副本

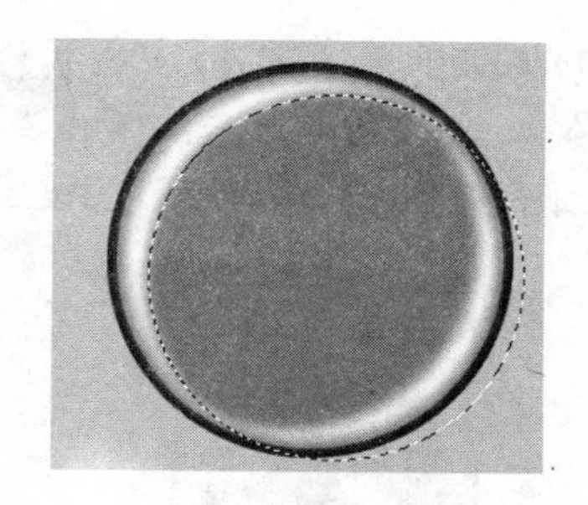

图 3-5　删除部分圆形

(6) 选择【图层】|【新建】|【图层】命令，在弹出的对话框中单击【确定】按钮，新建【图层 4】。设置【椭圆选框工具】的参数【羽化】为 3px、【样式】为固定大小、【宽度】为 200px、【高度】为 200px，在紫色圆形中间创建正圆形选区，并使用【油漆桶工具】将选区填充为黑色，如图 3-6 所示。

(7) 选择【图层】|【新建】|【图层】命令，在弹出的对话框中单击【确定】按钮，新建【图层 5】。在工具箱中选择【多边形套索工具】，在黑色圆形的左侧，单击鼠标确定起始点后释放鼠标，按住 Shift 键，在需要直线处再单击鼠标并释放，再在 45 度转角处单击鼠标并释放，在 90 度角处单击鼠标并释放，完成三角形的绘制，如图 3-7 所示。用同样的方法绘制第二个三角形，在工具箱中选择【油漆桶工具】，将三角形填充为灰色，如图 3-8 所示。

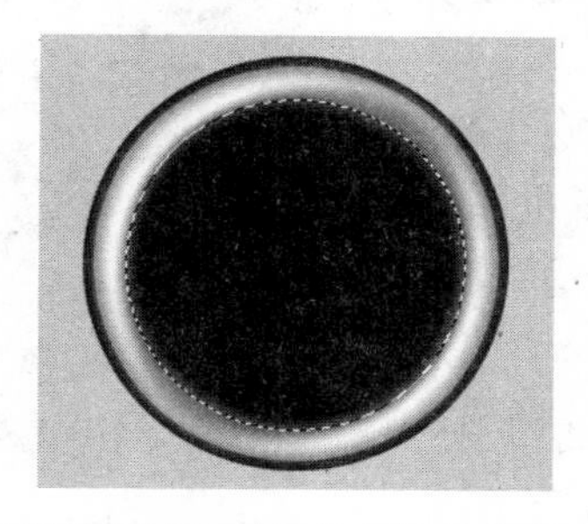

图 3-6　设置【椭圆选框工具】的参数值和填充黑色的效果

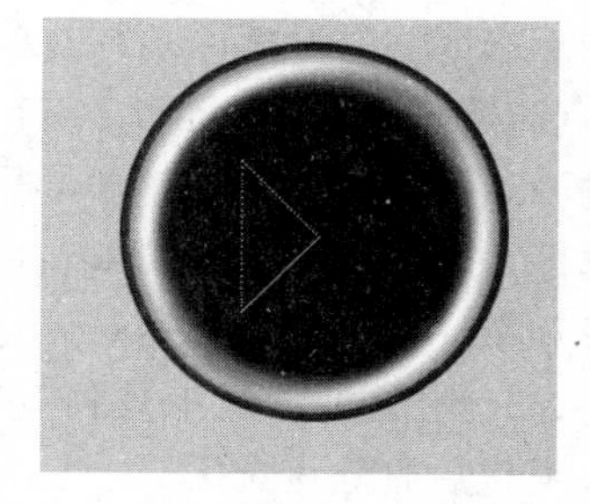

图 3-7　用【多边形套索工具】绘制选区

(8) 选择【选择】|【载入选区】命令，在弹出的对话框中单击【确定】按钮。在工具箱中选择【矩形选框工具】，在工具选项栏中选择【从选区中减去】选项，单击鼠标左键画方框，减少选区，如图 3-9 所示。在工具箱中选择【油漆桶工具】，将【前景色】设为白色，并填充，如图 3-10 所示。

图 3-8　选区填充后效果

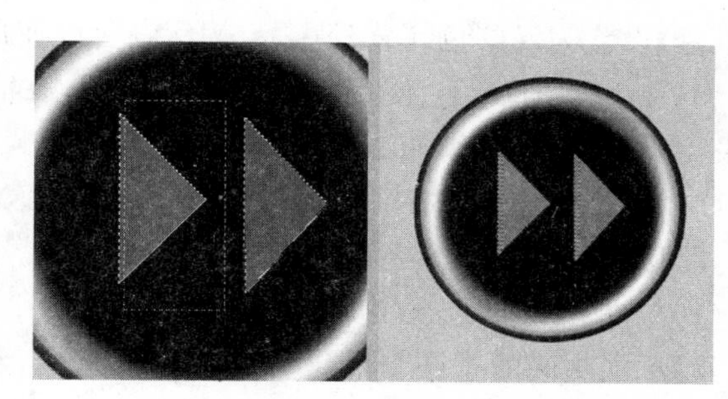

图 3-9　减少选区

(9) 在工具箱中选择【多边形套索工具】，在按钮的两个箭头合适位置单击鼠标并释放，再在45度转角处单击鼠标并释放，多次操作，制作斜边如图3-11所示。在工具箱中选择【油漆桶工具】，将【前景色】设置为#565656，并填充。

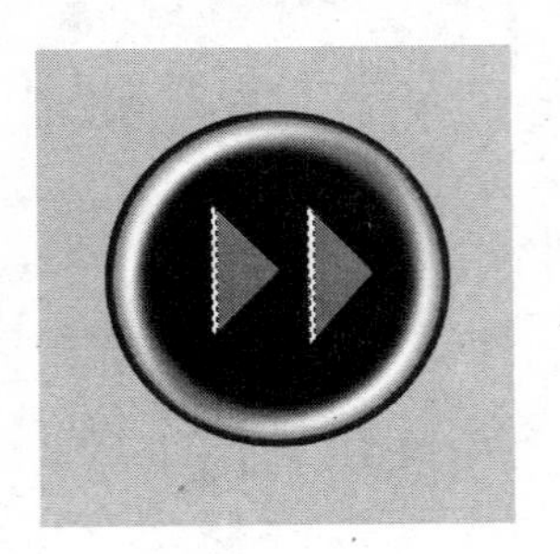

图3-10　填充选区

图3-11　用【多边形套索工具】制作斜边

完成制作后，选择【文件】|【存储】命令，保存操作结果。

例3.2　制作如图3-12所示的红色酒瓶。

制作要求：

(1) 打开本章素材文件夹中"背景图2.jpg"文件，操作结果以"红色酒瓶.psd"为文件名存储在本章结果文件夹中。

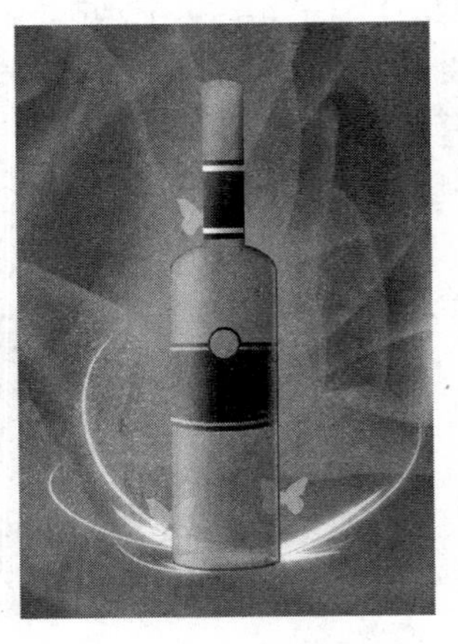

图3-12　红色酒瓶的样张

(2) 新建图层，使用【椭圆选框工具】在红色背景上创建椭圆形选区制作酒瓶的顶部。

(3) 使用【矩形选框工具】在椭圆选区下添加矩形选区，建立酒瓶颈部。使用【椭圆选框工具】在矩形选区下添加椭圆选区，建立酒瓶肩部。再添加矩形和椭圆选区，建立酒瓶瓶身和瓶底部。制作酒瓶选区，并存储该选区。

(4) 使用【油漆桶工具】将酒瓶选区填充黑色，将选区收缩和羽化后删除该选区。

(5) 复制【图层1】，将复制的图层适当缩小，制作酒瓶的厚度。

(6) 新建【图层2】，使用【椭圆选框工具】在瓶子底部创建椭圆选区，使用【油漆桶工具】将椭圆选区填充为白色，制作瓶底的厚度。

(7) 新建【图层3】，载入酒瓶选区，收缩选区，选择酒瓶内部选区，使用【吸管工具】，将【前景色】设置为浅红色，【背景色】设为深红色。使用【渐变工具】，填充酒瓶选区。

(8) 新建【图层4】，使用【矩形选框工具】，在酒瓶颈部位置创建矩形选区，将【前景色】设为黑色，用黑色填充该选区，制作瓶贴。

(9) 在已经填充的瓶贴上再创建一个矩形选区，将【前景色】设为白色，【背景色】设为红色，使用【渐变工具】填充该选区。

(10) 使用【矩形选框工具】在已经填充的瓶身上再建立一个矩形选区，使用【椭圆选框工具】添加中间的正圆形和下部的椭圆形选区，将前面建立的选择减少一个圆形。将【前景色】设为黑色，用黑色填充该选区，制作瓶身的瓶贴。

(11) 反选该选区，使用【矩形选框工具】在黑色瓶贴的上部添加选区。再在黑色瓶贴的下部添加选区，反选该选区，使用【椭圆选框工具】在黑色瓶贴的下部添加椭圆选区，再在椭圆选区上方创建选区。使用【矩形选框工具】在选区瓶身外侧建立两个选区，减少选区。

(12) 将【前景色】设为浅红色，【背景色】设为深红色，使用【渐变工具】填充选区，制作瓶贴的亮部。

(13) 新建【图层 5】，选择通道【酒瓶】将选区载入。将【前景色】设为白色，使用【渐变工具】，在酒瓶选区的瓶身区域左侧制作酒瓶的高光，再在瓶颈顶部制作高光。设置【图层 5】的透明度，制作完成酒瓶左侧高光部分。使用同样的方法新建【图层 6】，使用【渐变工具】，制作酒瓶右侧少量反光部分，完成酒瓶制作，以“酒瓶. psd”为文件名保存该文件。

(14) 打开本章素材文件夹中的“white. psd”文件，选择【图层 1】，使用【矩形选框工具】，选择全部区域，复制到“酒瓶. psd”文件中的【背景】图层上。使用【移动工具】，将所粘贴的白色光晕移动到酒瓶底部位置。

(15) 打开本章素材文件夹中的“蝴蝶. jpg”文件，使用【魔棒工具】，选取在白色区域将白色蝴蝶复制到“酒瓶. psd”文件【光晕】图层上部，并设置该图层的透明度。将白色蝴蝶再复制两个，移动到合适位置。

案例分析：

本案例是利用多种选框工具创建选区、使用【油漆桶工具】和【渐变工具】对选区填充颜色，以及对选区进行收缩和羽化等操作，完成如图 3-12 所示的红色酒瓶。

实现此案例主要使用【椭圆选框工具】和【矩形选框工具】制作酒瓶，使用【油漆桶工具】填充颜色，使用【渐变工具】改变颜色的分布，增加酒瓶的光亮度。

本例的难点在于：从多种选区工具中选择合适的选取工具，并正确地设定工具选项。使用选框工具结合鼠标的操作可添加或者减少选区，以符合操作的需要，熟练地掌握这些操作方法，在处理类似的操作中往往能事半功倍。使用【魔棒工具】可以选取要复制的图像的部分内容。

操作步骤：

(1) 打开本章素材文件夹中“背景图 2. jpg”文件，选择【文件】|【存储为】命令，以“红色酒瓶. psd”为文件名将操作结果存储在本章结果文件夹中。

(2) 选择【图层】|【新建】|【图层】命令，在弹出的对话框中单击【确定】按钮。在工具箱中选择【椭圆选框工具】，在红色背景上创建一个椭圆选区，如图 3-13 所示，制作酒瓶的顶部。

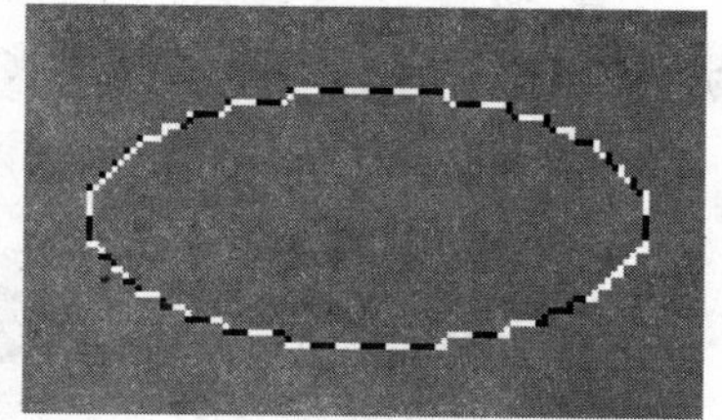

图 3-13　创建椭圆形选区

(3) 在工具箱中选择【矩形选框工具】，在工具选项栏中选择【添加到选区】，在椭圆选区下添加矩形选区，建立酒瓶颈部，如图 3-14 所示，在工具箱中选择【椭圆选框工具】，在工具选项栏中选择【添加到选区】，在矩形选区下添加椭圆选区，建立酒瓶肩部，如图 3-15 所示。再使用【矩形选框工具】和【椭圆选框工具】添加矩形和椭圆选区，建立酒瓶瓶身和瓶底部，如图 3-16 所示。选择【选择】|【储存选区】命令，在弹

出的对话框中输入名称“酒瓶”，存储酒瓶选区。

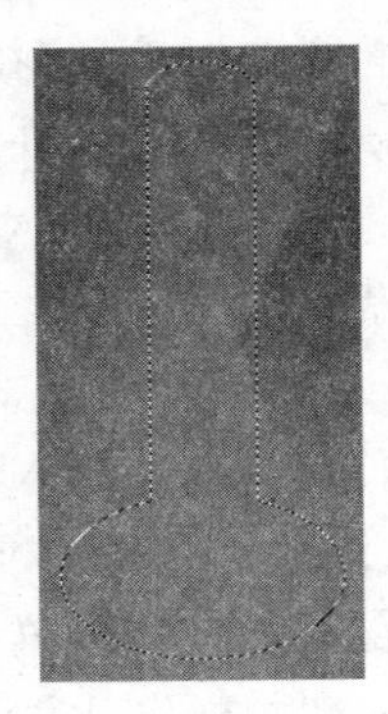

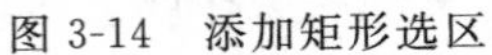

图 3-14　添加矩形选区　　图 3-15　添加椭圆选区　　图 3-16　建立酒瓶选区

（4）在工具箱中选择【油漆桶工具】，设置【前景色】为黑色，将酒瓶选区填充为黑色，如图 3-17 所示。选择【选择】|【修改】|【收缩】命令，收缩量为 3 像素，选择【选择】|【修改】|【羽化】命令，羽化半径为 3 像素。将选区收缩和羽化，如图 3-18 所示。按 Delete 键将选区内黑色删除，如图 3-19 所示。

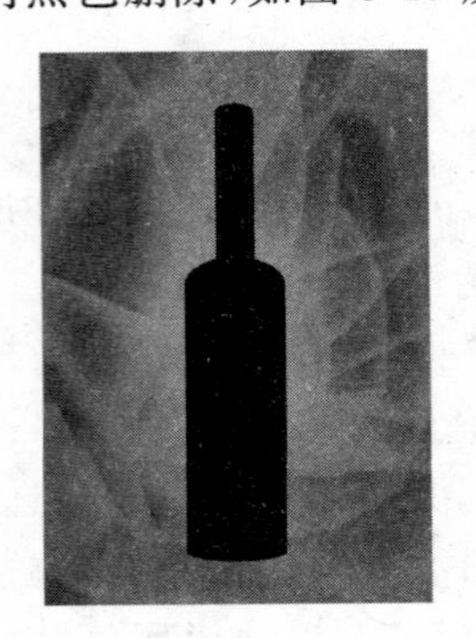

图 3-17　黑色填充酒瓶选区

图 3-18　收缩和羽化的选区

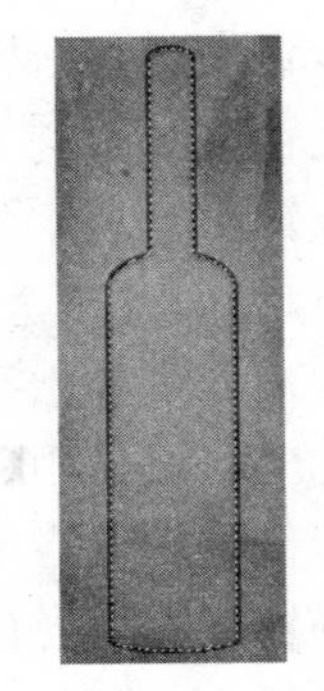

图 3-19　删除后的效果

（5）选择【图层】|【复制图层】命令，复制【图层 1】为【图层 1 副本】。选择【编辑】|【变换】|【缩放】命令，将复制的图层适当缩小，制作酒瓶的厚度。

（6）选择【图层】|【新建】|【图层】命令，新建【图层 2】，在工具箱中选择【椭圆选框工具】，在瓶子底部创建椭圆选区，如图 3-20 所示。在工具箱中选择【油漆桶工具】，将【前景色】设置为白色。使用【油漆桶工具】将椭圆选区填充为白色，并设置该图层的【不透明度】为 45%，制作瓶底的厚度，如图 3-21 所示。

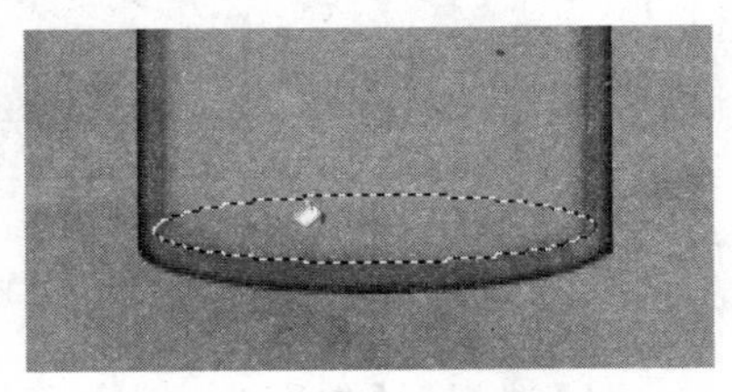

图 3-20　建立椭圆形选区

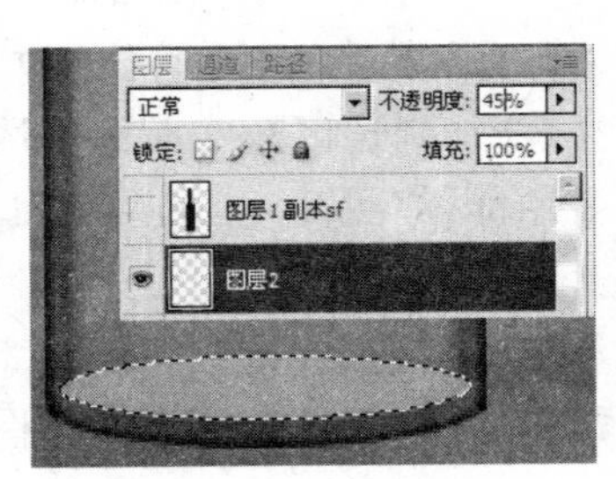

图 3-21　填充瓶底的效果

(7) 选择【图层】|【新建】|【图层】命令，新建【图层 3】，选择【选择】|【载入选区】命令，选择通道【酒瓶】，载入酒瓶选区。选择【选择】|【修改】|【收缩】命令，收缩量 3 像素，选择酒瓶内部选区，如图 3-22 所示。

在工具箱中选择【吸管工具】，在背景中颜色较浅的区域单击鼠标，将【前景色】设置为浅红色，按住 Alt 键在背景中颜色较深的区域单击鼠标，将【背景色】设为深红色，在工具箱中选择【渐变工具】，在酒瓶选区内部左侧单击鼠标左键，向右侧拖曳鼠标并释放，填充酒瓶选区，如图 3-23 所示。

(8) 选择【图层】|【新建】|【图层】命令，新建【图层 4】，在工具箱中选择【矩形选框工具】，在酒瓶颈部位置创建矩形选区。将【前景色】设为黑色，选择【编辑】|【填充】命令，在弹出的对话框中确认。用黑色填充该选区，制作瓶贴，如图 3-24 所示。

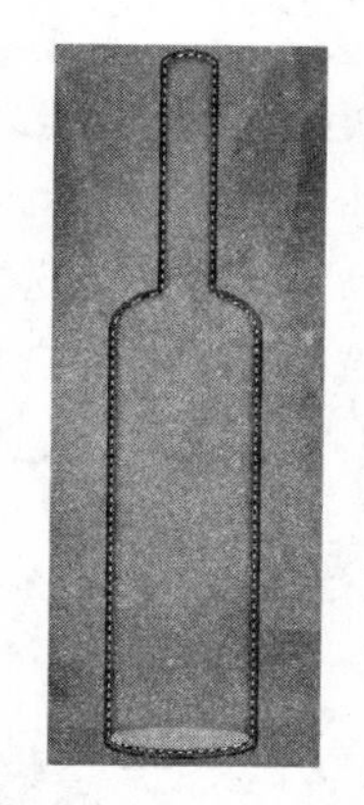

图 3-22　酒瓶选区

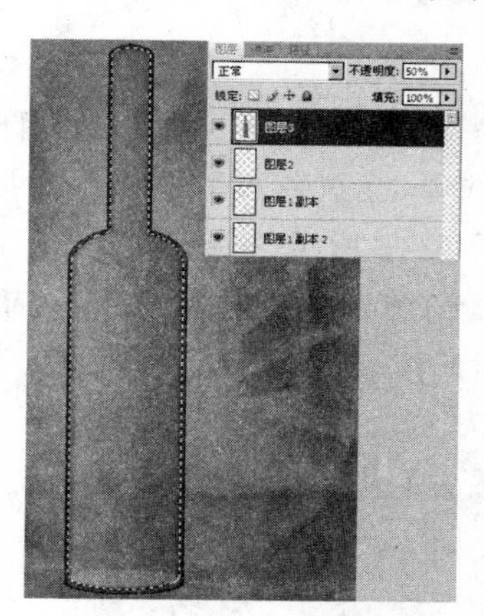

图 3-23　填充酒瓶选区

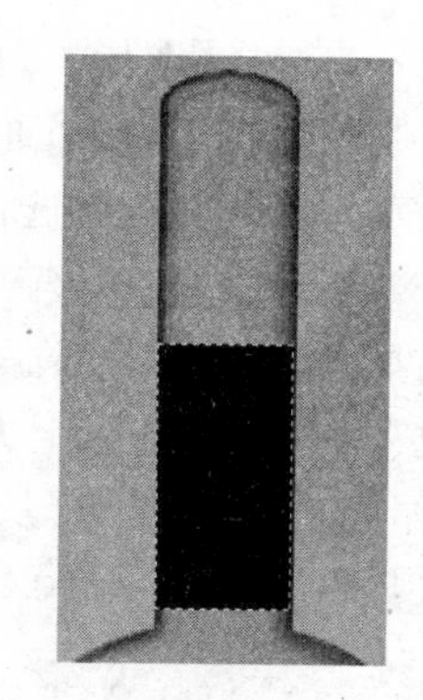

图 3-24　已经填充的选区

(9) 使用【矩形选框工具】在已经填充的瓶贴上再建立一个矩形选区，在【矩形选框工具】的工具选项栏中选择【添加到选区】选项，再建立一个矩形选区，如图 3-25 所示。在工具箱中选择【渐变工具】，将【前景色】设置为白色，【背景色】设置为红色，单击鼠标左键，自左向右，释放鼠标，填充该选区，如图 3-26 所示。

(10) 使用【矩形选框工具】在已经填充的瓶身上再创建矩形选区，再选择【椭圆选框工具】，在工具选项栏中选择【添加到选区】选项，添加中间的正圆和下部的椭圆选区，如图 3-27

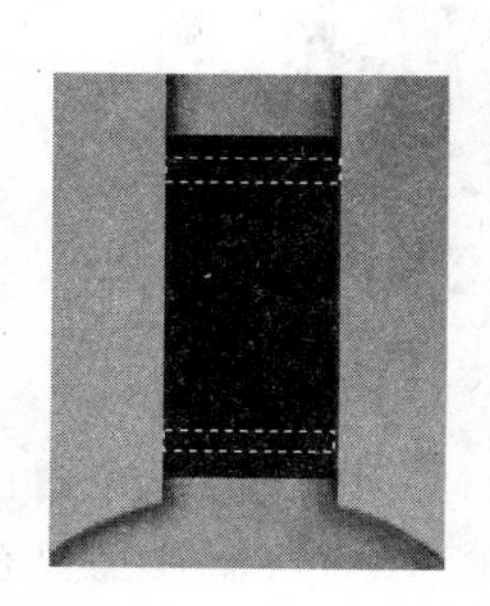

图 3-25　建立两个选区

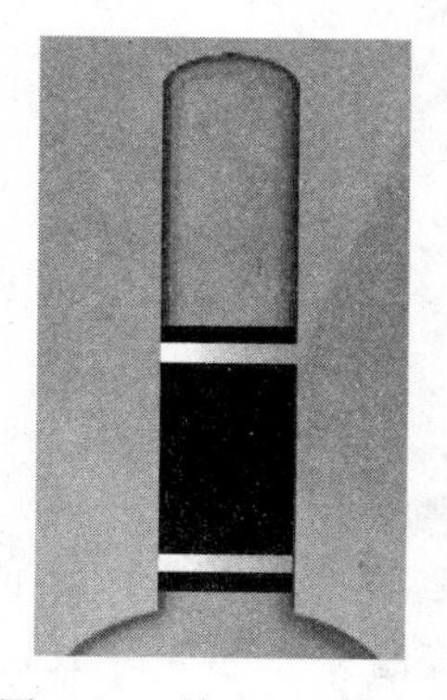

图 3-26　填充后的选区

图 3-27　建立选区

所示。在【椭圆选框工具】工具选项栏中选择【从选区减去】选项，将前面建立的选区减少一个圆形，如图 3-28 所示。将【前景色】设为黑色，选择【编辑】|【填充】命令，在弹出的对话框中确认。用黑色填充该选区，制作瓶身的瓶贴，如图 3-29 所示。

图 3-28　减少选区

图 3-29　填充黑色后的瓶贴

(11) 选择【选择】|【反向】命令，反选该选区，在工具箱中选择【矩形选框工具】，在工具选项栏中选择【添加到选区】选项，在黑色瓶贴的上部添加选区，如图 3-30 所示。再在黑色瓶贴的下部添加选区，如图 3-31 所示。选择【选择】|【反向】命令，反选该选区，如图 3-32 所示。在工具箱中选择【椭圆选框工具】，在工具选项栏中选择【添加到选区】选项，在黑色瓶贴的下部添加椭圆选区，如图 3-33 所示。在工具选项栏中选择【从选区减去】选项，在椭圆选区上方建立选区，如图 3-34 所示。在工具箱中选择【矩形选框工具】，在工具选项栏中选择【从选区减去】选项，在选区瓶身外侧建立两个选区，减少选区，如图 3-35 和图 3-36 所示。

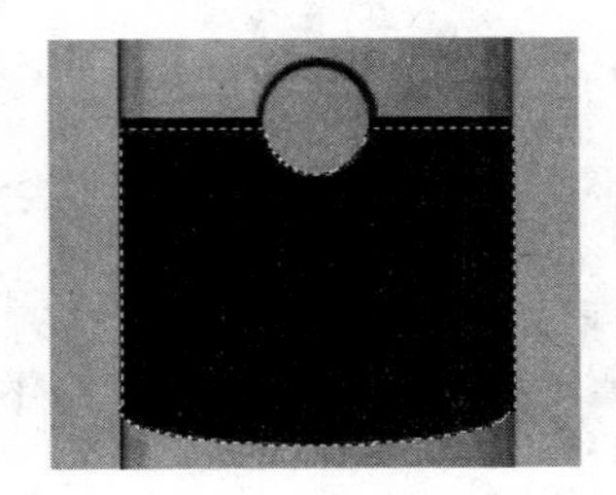

图 3-30　上部添加选区

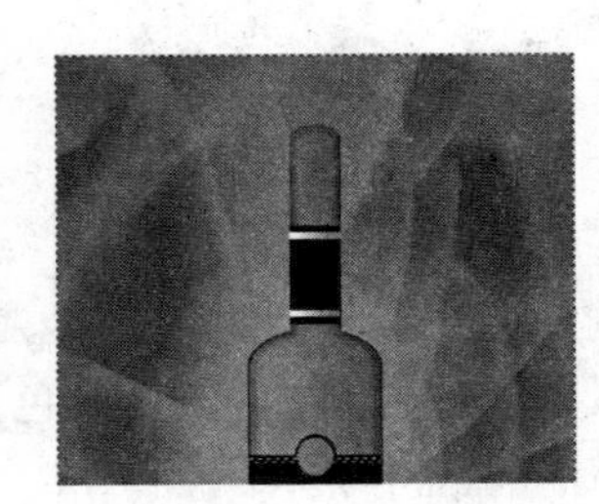

图 3-31　下部添加选区

图 3-32　反选改选区

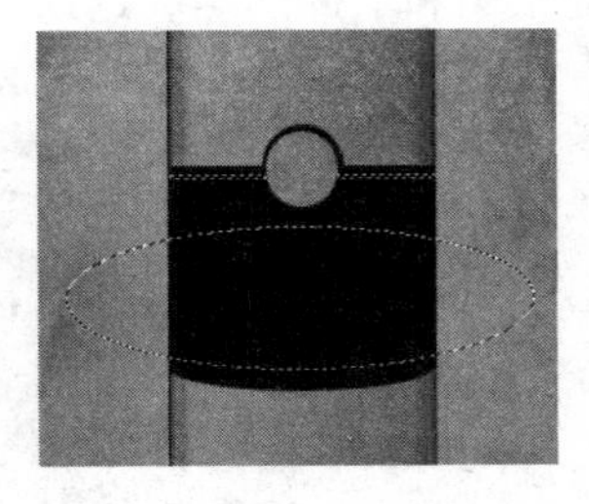

图 3-33　添加椭圆形选区

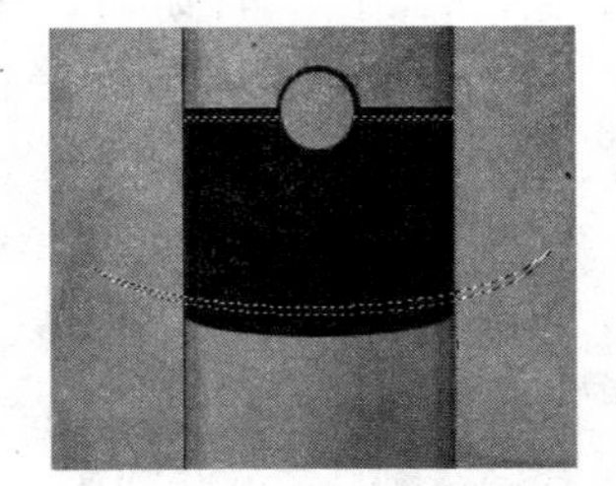

图 3-34　减少选区

(12) 在工具箱中选择【渐变工具】，将【前景色】设为＃f49049，【背景色】设为＃2c0f10，单击鼠标左键，自左向右拖曳鼠标并释放，为选区填充渐变色，制作瓶贴的亮部，如图 3-37 所示。

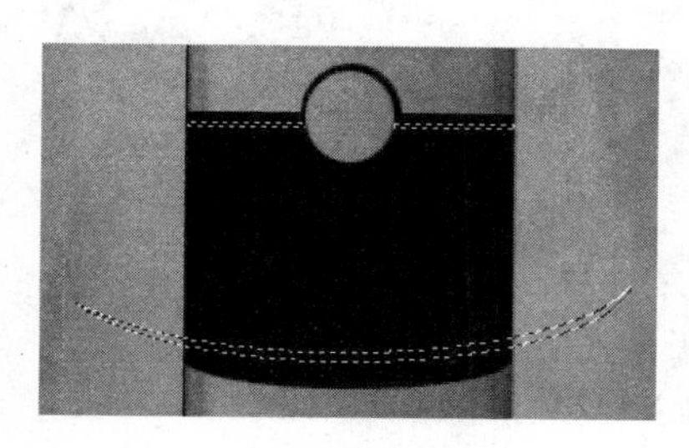

图 3-35 使用矩形工具减少选区

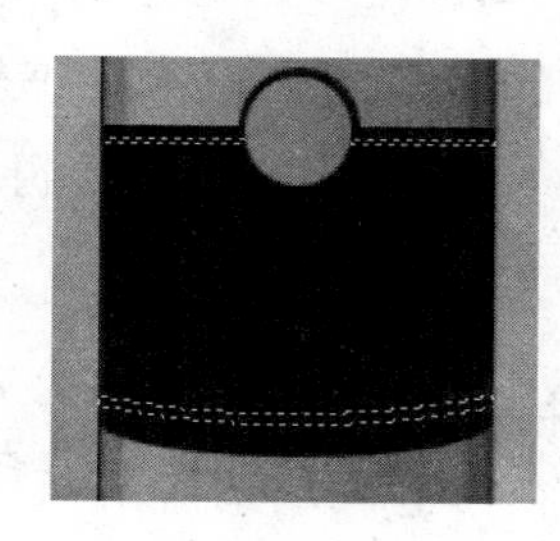

图 3-36 再次减少选区

图 3-37 填充后的效果

(13) 选择【图层】|【新建】|【图层】命令，新建【图层 5】，选择【选择】|【载入选择】命令，选择通道【酒瓶】，将酒瓶选区载入，如图 3-38 所示。将【前景色】设置为白色，在工具箱中选择【渐变工具】，在工具选项栏中选择【从前景色到透明渐变】选项，在酒瓶选区的瓶身区域左侧单击鼠标左键，并拖曳释放，制作酒瓶的高光，在瓶颈顶部再次拖曳制作高光，如图 3-39 所示。设置【图层 5】的透明度为 60%，制作完成酒瓶左侧高光部分，如图 3-40 所示。使用同样方法新建【图层 6】，使用【渐变工具】，制作酒瓶右侧少量反光部分，完成酒瓶制作，如图 3-41 所示。以"酒瓶.psd"为文件名保存该文件。

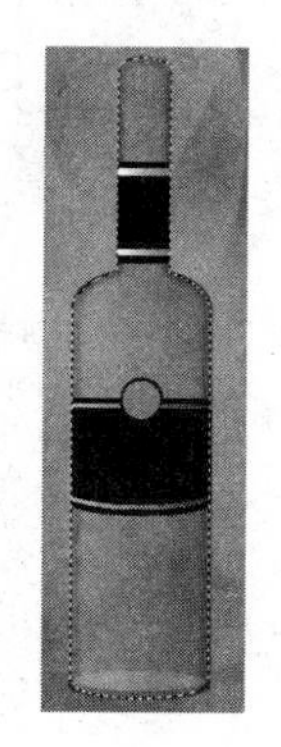

图 3-38 载入酒瓶选区

图 3-39 渐变填充

图 3-40 酒瓶左侧高光部分

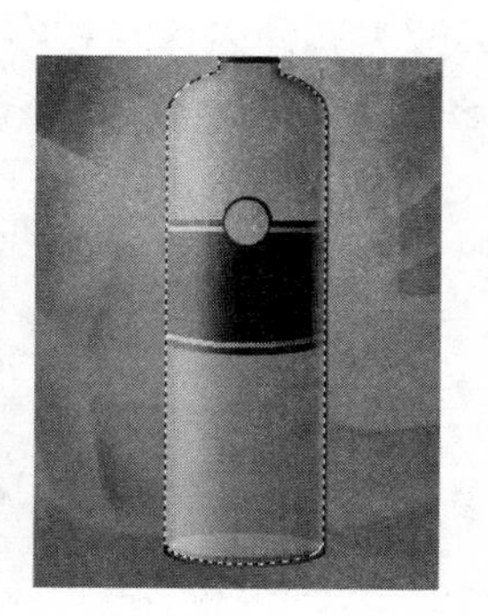

图 3-41 酒瓶右侧反光

(14) 打开本章素材文件夹中的“white.psd”文件，选择【图层 1】，在工具箱中选择【矩形选框工具】，选中全部区域，选择【编辑】|【拷贝】命令，选择“酒瓶.psd”文件，选中【背景】图层，选择【编辑】|【粘贴】命令，将选区粘贴到【背景】层上。在工具箱中选择【移动工具】，将所粘贴的白色光晕移动到酒瓶底部位置，如图 3-42 所示。

图 3-42 移动光晕到合适位置

(15) 打开本章素材文件夹中的“蝴蝶.jpg”文件，在工具箱中选择【魔棒工具】，在白色区域单击鼠标，建立选区，依次选择【编辑】|【拷贝】命令和【编辑】|【粘贴】命令，将白色蝴蝶复制到“酒瓶.psd”文件中的【光晕】图层上部，并设置该图层的透明度为 50%，如图 3-43 所示。选择【图层】|【复制图层】命令，将白色蝴蝶再复制两个，再用【移动工具】将其移动到合适位置，如图 3-44 所示。

图 3-43 将蝴蝶粘贴到图层

图 3-44 复制图层移动蝴蝶的位置

完成制作后，选择【文件】|【存储】命令，保存操作结果。

3.3 实验要求与提示

(1) 打开本章素材文件夹中的“白塔.jpg”文件，按下列要求对图片进行编辑，操作结果以“塔.psd”为文件名保存在本章结果文件夹中。

① 如图 3-45 所示，使用【矩形选框工具】创建一个选区，并变换选区为扇形。

图 3-45 样张 1

② 对扇形选区描边，颜色为＃BA9206，5 个像素、居外。

③ 剪切图像的多余部分，并按比例将裁剪图片的宽度缩小为 600 像素。

(2) 打开本章素材文件夹中的“湖.jpg”和“鹅.jpg”文件，操作结果以“湖.psd”为文件名保存在本章结果文件夹中。

① 将鹅复制到文件“湖.jpg”中，水平翻转、适当缩小，素材放置如图 3-46 所示。

② 使用【矩形选框工具】按样张 2 对图片创建一个选区，对选区描边，颜色为＃903307，12 个像素、居中。收缩选区 20 像素，对选区居外描边，颜色为＃903307，5 个像素。

(3) 打开本章素材文件夹中的“飞来石.jpg”文件，按下列要求对图片进行编辑，操作结果以“景色.psd”为文件名保存在本章结果文件夹中。

① 设置【背景色】为＃F0CDF3。

② 使用【椭圆选框工具】创建一个选区，对选区羽化 12 像素。反选，删除选区内容。

③ 打开本章素材文件夹中的“鸟.jpg”文件，将小鸟复制到飞来石图片上，水平翻转、适当缩小，素材放置如图 3-47 所示。

图 3-46　样张 2

图 3-47　样张 3

操作提示：

使用【魔棒工具】和【橡皮擦工具】去除小鸟图片的背景和文字，选择【编辑】|【自由变换】命令缩小小鸟；小鸟的水平翻转选择【编辑】|【变换】|【水平翻转】命令。

(4) 打开本章素材文件夹中的“棕榈树.jpg”文件，按下列要求对图片进行编辑，操作结果以“饮料.psd”为文件名保存在本章结果文件夹中。

① 按如图 3-48 所示的样张裁剪棕榈树图片。

② 打开本章素材文件夹中的“易拉罐.jpg”图片，将其复制到“棕榈树.jpg”图片上，缩小图像，按样张排放。

③ 使用【矩形选框工具】对图片创建一个选区，并对选区居外描边，颜色为＃F3D671，宽度为 3px。

图 3-48　样张 4

(5) 按下列要求制作如图 3-49 所示的按钮，操作结果以“按钮 1.psd”为文件名保存在本章结果文件夹中。

① 新建一个 200×200 像素的 RGB 文档。使用【椭圆选框工具】创建一个正圆形选区。设置【前景色】为白色、【背景色】为蓝色。选择工具箱中的【渐变工具】,并选择工具选项栏中的【径向渐变】样式,从圆的左上角至右下角填充颜色。

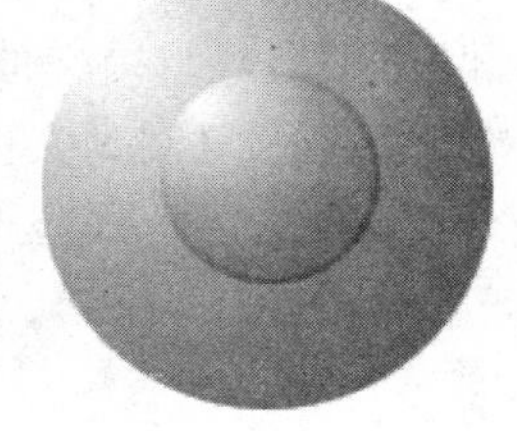
图 3-49　样张 5

② 新建图层,再次使用【椭圆选框工具】创建一个正圆形选区,按上述方法填充颜色。收缩选区两个像素,使用【色相/饱和度】命令,调整颜色,居中排放。

③ 反向选区,调整按钮外框的颜色。

操作提示:

收缩选区的操作是选择【选择】|【修改】|【收缩】命令;调整颜色的操作是按 Ctrl+U 快捷键,在【色相/饱和度】对话框中完成。

(6) 打开本章素材文件夹中的“红叶.jpg”和“迎世博.jpg”文件,按如图 3-50 所示的样张及下列要求对图片进行编辑,操作结果以“世博.psd”为文件名保存在本章结果文件夹中。

图 3-50　样张 6

① 选择“红叶.jpg”图片,去掉树叶中的颜色直至透明。对树叶选区居外 3 像素描边,颜色为金黄色。

② 选择“迎世博.jpg”图片,将其复制到红叶图片上,交换图层,调整位置按样张 6 排放。

③ 输入文字“城市,让生活更美好”,文字格式为隶书、48 点、红色。按样张排放。

操作提示:

文字操作,在工具箱中选中【文字工具】,在工具选项栏中设置字体、大小、颜色,输入文字。本题的文字分两次输入,分别调整存放的位置,按样张排放。

(7) 打开本章素材文件夹中的“一朵花.jpg”,按下列要求对图片进行编辑,操作结果以“五朵花.psd”为文件名保存在本章结果文件夹中。

① 新建黑色背景的文件,保存为“五朵花.psd”。

② 用【魔棒工具】选择如图 3-51 所示的花朵,复制到图像文件“五朵花.psd”中。

③ 多次复制花朵，如图 3-51(b)所示调整大小，以及旋转角度。

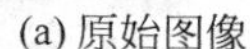

(a) 原始图像　　(b) 样张7

图 3-51　图像处理前后示意图

(8) 打开本章素材文件夹中的“花.jpg”文件，操作结果以“花鸟.psd”为文件名保存在本章结果文件夹中。

① 使用【色彩范围】命令将花朵复制到图片的左侧，如图 3-52 所示。

② 打开本章素材文件夹中的“小鸟.jpg”文件，将小鸟复制到花图片中，适当缩放、旋转，按样张排放。

图 3-52　样张 8

(9) 打开本章素材文件夹中的“云.jpg”和“古镇.jpg”文件，按下列要求对图片进行编辑，操作结果以“古镇.psd”为文件名保存在本章结果文件夹中。

① 选择“古镇.jpg”图片，去掉背景色直至透明，合成到云图像文件上。

② 打开本章素材文件夹中的“宫灯.jpg”文件，将图片按比例宽度缩小为 15 像素，将宫灯合成到云图像文件上按样张 9 排放。

③ 在图片的右下角输入文字“千灯古镇”，文字的格式为：隶书、90 点，颜色为 #F8A506，如图 3-53 所示。

(10) 请参照例 3.2，打开本章素材文件夹中的“花瓶.jpg”文件，将它制作成如图 3-54 所示的效果。操作结果以“花瓶.psd”为文件名保存在本章结果文件夹中。

图 3-53　样张 9

图 3-54　样张 10

3.4　课外练习与思考

1. 选择题

(1) 如果图像中有一块形状不规则、颜色比较接近,并且有较明显边界的区域,用(　　)工具或命令不能完成选取操作。

A. 魔棒　　B. 色彩范围　　C. 多边形套索　　D. 磁性套索

(2) 以下(　　)说法是正确的。

A. 空白图层可以使用【魔棒工具】选择

B.【魔棒工具】可以选择在不同图层上的相同颜色

C. 选区不可以被修改编辑

D. 取消选区可使用【移动工具】在非选区上单击

(3)【编辑】|【自由变换】命令可以对选区执行(　　)操作。

A. 倾斜　　B. 缩放　　C. 翻转　　D. 透视

(4) 下列对【多边形套索工具】的描述(　　)是正确的。

A. 可以形成曲线型的多边形选区

B.【多边形套索工具】属于绘图工具

C. 按住鼠标键拖曳形成的轨迹就是选择的区域

D.【多边形套索工具】属于规则选框工具

(5) 如果使用【魔棒工具】在图像中多次单击以形成更大的选区,应在每次单击鼠标的同时按住键盘上的(　　)键。

A. Shift　　B. Ctrl　　C. Alt　　D. Tab

(6) 使用椭圆选框工具创建一个以鼠标击点为中心正圆形选区应选择(　　)。

A. Shift+Ctrl　　B. Ctrl+Alt

C. Shift+Alt　　　　　　　　　　D. Alt+Tab

(7) 在图像中创建了一个矩形选区，通过拖曳操作将选区复制到另一个图像上，发现拖过去的只有矩形选区，选区中的图像并没有拖过去，这是因为选择了(　　)工具。

A. 设定容差　　B. 将选区羽化　　C. 选择移动　　D. 磁性套索

(8) 为了确定【磁性套索工具】对图像边缘的敏感程度，应调整(　　)参数。

A. 容差　　B. 对比度　　C. 颜色容差　　D. 套索宽度

(9) 要使选区变为一个独立的图层，按(　　)键。

A. Ctrl+A　　B. Ctrl+H　　C. Ctrl+J　　D. Ctrl+K

(10) 下面(　　)选项的方法不能对选区进行变换或修改。

A. 选择【选择】|【变换选区】命令

B. 选择【选择】|【保存选区】命令

C. 选择【选择】|【修改】命令

D. 选择【选择】|【变换选区】命令后再选择【编辑】|【变换】子菜单中的命令

2. 填空题

(1) 在工具箱中，创建不规则选区的常用工具有________、________和________。

(2) 在工具箱中，智能化选取工具有________和________。

(3) 创建好选区后，如果要取消该选区的快捷键是________。

(4) 快速切换【矩形选框工具】、【椭圆选框工具】的快捷键是________。

(5) 保存选区的方法是选择________命令。

(6) 对选区进行缩放、旋转、扭曲、翻转等变形操作的命令是________。

(7) 根据图像中指定的颜色来创建选区的命令是________。

(8) 调用已储存过的选区应选择________命令。

3. 思考题

(1) 将选区反选的快捷键是什么？

(2) 选区建立之后可以放大、缩小或者羽化吗？如何将选区保存和载入？

(3) 图层、蒙版、通道、路径、单色都可以被转换成选区吗？

(4)【选择工具】的容差值的作用是什么？

(5)【色彩范围】命令的作用是什么？

(6) 怎样变换选区？

第4章 图像的编辑

4.1 实验目的与要求

(1) 掌握图像填充工具与擦除工具的使用方法。

(2) 掌握绘图工具与图像修饰工具的使用方法和技巧。

(3) 掌握渐变色与自定义图案的使用方法。

4.2 典型范例分析与解答

例 4.1 制作如图 4-1 所示的焰火效果。

图 4-1 焰火效果的样张

制作要求：

(1) 打开本章素材文件夹中的“建筑.jpg”文件，并以“焰火.psd”为文件名保存在本章结果文件夹中。

(2) 新建一个图层，使用【画笔工具】在新建图层上绘制曲线，曲线的头部较大，尾部逐渐消失，为一个火花苗。用相同的方法多绘制几条曲线。

(3) 再新建一个图层，设置画笔【不透明度】和【流量】，在已绘制的焰火的中心绘制喷溅的火花。在焰火的每个火花苗头部画放射的星形光芒。

(4) 将所绘制的两个焰火图层合并，并添加外发光的图层样式效果，在【拾色器】中选择红色。

(5) 将制作完成的【焰火】图层复制两层，并移动到合适的位置，选中其中一层，将复制的焰火图层缩小到合适大小。设置复制图层的【透明度】。

(6) 在【图层】面板中将【焰火】图层复制，将其缩放并倒置于素材图的水面的位置，并调整复制的焰火图层的【透明度】形成水中倒影效果。并将另外两个焰火图层也做同样操作，并调整图层的【透明度】。

(7) 在图层面板中选中【背景】图层，调整【色相饱和度】，使得画面偏红色。

案例分析：

本案例应用【画笔工具】、图层样式和调整色相饱和度等操作完成如图 4-1 所示的焰火制作。

实现此案例主要使用【画笔工具】绘制曲线，通过设置画笔的【不透明度】和【流量】，制作焰火中心的喷溅火花，通过图层样式添加立体发光效果，调整【色相饱和度】改变图面的颜色。

本案例的难点在于：使用【画笔工具】绘制焰火火苗，设置合适的画笔选项完成焰火的制作。使用图层样式制作发光效果。

操作步骤：

(1) 打开本章素材文件夹中的"建筑.jpg"文件，选择【文件】|【存储为】命令，以"焰火.psd"为文件名保存在本章结果文件夹中。

(2) 新建一个图层，在工具箱中选择【画笔工具】，在【画笔工具】工具栏中选择尖角三像素画笔，确定硬度。在新建图层上绘制曲线，曲线的头部较大，尾部逐渐消失，为一个火花苗，如图 4-2 所示。多绘制几条曲线，形成多个火花苗，如图 4-3 所示。

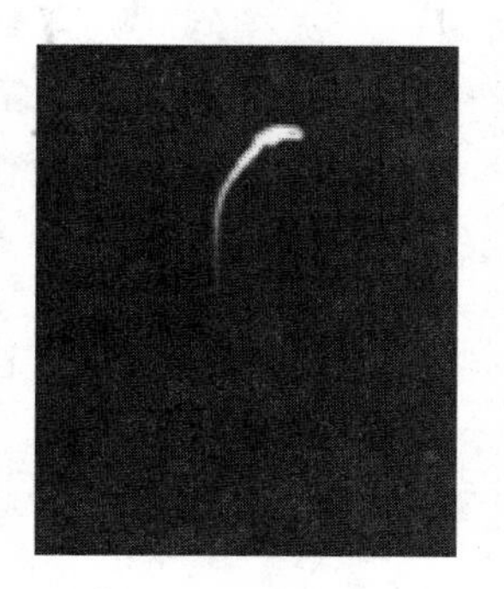

图 4-2　一个火花苗

图 4-3　多个火花苗效果

(3) 新建图层，在【画笔工具】的工具栏中选择喷溅 24 像素画笔，并设置【不透明度】为 50%，【流量】为 50%，在已绘制的焰火的中心绘制喷溅的火花，如图 4-4 所示。在【画笔工具】的工具栏中选择星形 42 像素画笔，并设置【不透明度】为 50%，【流量】为 50%，在焰火的每个火花苗头部画放射的星形光芒，如图 4-5 所示。

(4) 将所绘制的两个焰火图层合并，并添加外发光的图层样式效果，在【拾色器】中重新选择 R：255/G：0/B：0 红色，如图 4-6 所示。

图 4-4　中心绘制喷溅的火花

图 4-5　放射的星形光芒效果

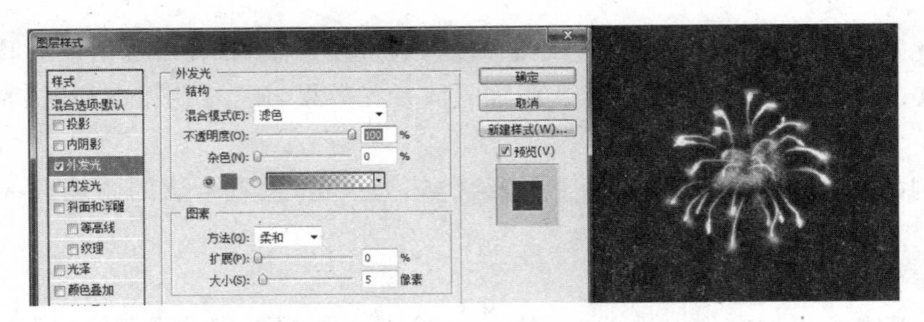

图 4-6　外发光的图层样式效果和添加红色外发光后的焰火效果

(5) 将制作完成的【焰火】图层复制两层，并移动到合适的位置，选中其中一层，并选择【编辑】|【变换】|【缩放】命令，将复制的焰火图层缩小到合适大小，效果如图 4-7 所示。设置复制图层的【透明度】分别为 80%和 60%。

(6) 在【图层】面板中将【焰火】图层复制，在复制的图层上选择【编辑】|【变换】|【缩放】命令，将其缩放并倒置于素材图的水面的位置，如图 4-8 所示，调整复制的焰火图层的【透明度】为 30%，形成水中的倒影效果。并将另外两个焰火图层也做同样操作，调整图层的【透明度】为 20%和 15%。

图 4-7　3 个焰火的效果

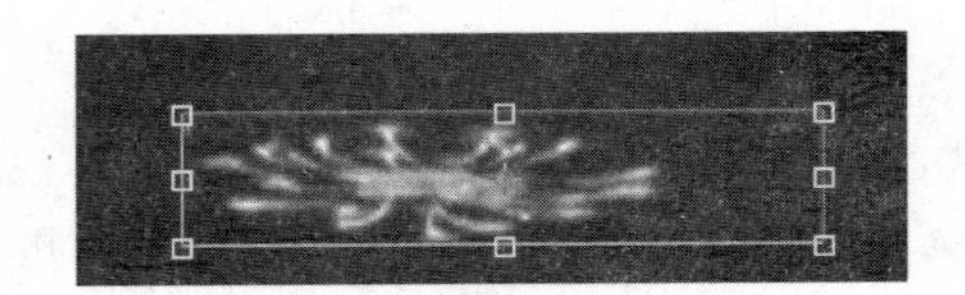

图 4-8　缩放和倒置于水中

(7) 在图层面板中选中【背景】图层，选择【图像】|【调整】|【色相/饱和度】命令。将【色相】值调为－20，使得画面偏红色。效果如图 4-9 所示。

完成制作后，选择【文件】|【存储】命令，保存操作结果。

例 4.2 按照如图 4-10 所示的样张制作修复照片中红眼的效果。

图 4-9 色相调整后的效果

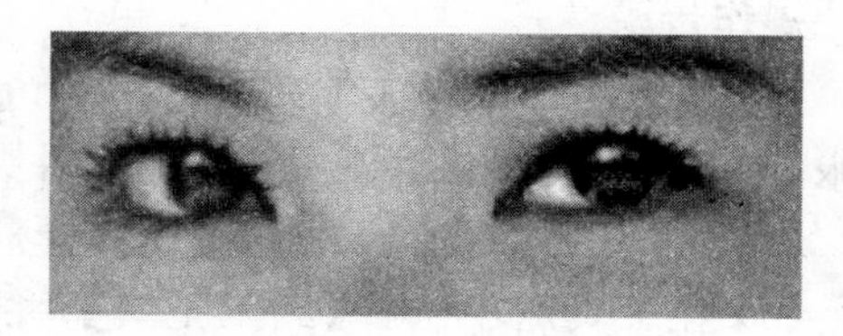

图 4-10 修复红眼的样张

制作要求：

(1) 打开本章素材文件夹中“双眼.jpg”文件，以“修复红眼.psd”为文件名将操作结果保存在本章结果文件夹中。

(2) 复制【背景】图层。

(3) 选择【红眼工具】，在眼睛的红眼部分上单击修复红眼。

(4) 调整【色阶】，设定色阶中间值，将皮肤颜色提亮。

(5) 以右侧眼睛为例修复眼睛，使用【涂抹工具】涂抹下眼白部分。使用【减淡工具】，将眼睛的眼白部分减淡。

(6) 使用【多边形套索工具】将眼睛的轮廓勾选出来，选择【模糊工具】在所选择的区域内涂抹，再使用【加深工具】，在靠近眼皮的地方涂抹。

(7) 选择【涂抹工具】，在眼睛靠近睫毛处，由下而上涂抹出眼睫毛。

(8) 打开“视网膜.png”文件，将图片复制到修复红眼文件中，选择【移动工具】将复制的图层移动到眼珠位置，将该图层模式选为【柔光】。

(9) 选择【椭圆选框工具】，在新建的图层上选取眼睛的眼黑部分。选择【油漆桶工具】，填充颜色 R：143/G：90/B：15。

(10) 将【背景】层填充为白色，选择【橡皮擦工具】，到【背景副本】层中将眼珠的高光部分擦除。

(11) 按上述方法完成左侧眼睛的编辑。

制作分析：

本案例应用【修复画笔工具】、【多边形套索工具】、【椭圆选框工具】和【橡皮擦工具】等工具完成如图 4-10 所示的修复红眼。

实现此案例主要使用【修复画笔工具】中的【红眼工具】，调整色阶，使用【涂抹工具】和【减淡工具】完成眼白的修复操作。通过图片复制、移动工具、设置图层模式、填充颜色等操作完成眼珠修复操作。

在制作修复红眼时，有两个主要的问题必须注意。

(1) 要观察眼睛的球体结构，在修复过程中都要产生球面的效果。在使用鼠标涂抹时，要将上眼睫毛部分加深，顺着睫毛生长的方向自内向外涂抹，注意使用工具的笔画主直径大小，控制【不透明度】和【流量】。眼珠里瞳孔的颜色也是有厚度的，要仔细处理。

(2) 在修复左侧眼珠时，要注意和右侧的对称，在制作最后一步，使用【橡皮擦工具】擦出眼睛的高光白色的时候，要与右侧的眼珠的高光的位置保持一致，才能制作出理想的明亮的眼睛的效果，修复好红眼。

操作步骤：

(1) 打开本章素材文件夹中“双眼.jpg”文件，并选择【文件】|【存储为】命令，以“修复红眼.psd”为文件名保存在本章结果文件夹中。

(2) 选择【图层】|【复制】命令，将【背景】图层复制为背景的副本。

(3) 在工具箱中选择【红眼工具】，并在眼睛的红眼部分上单击。

(4) 选择【图像】|【调整】|【色阶】命令，将色阶中间值设定为 1.30，将皮肤颜色提亮，如图 4-11 所示。

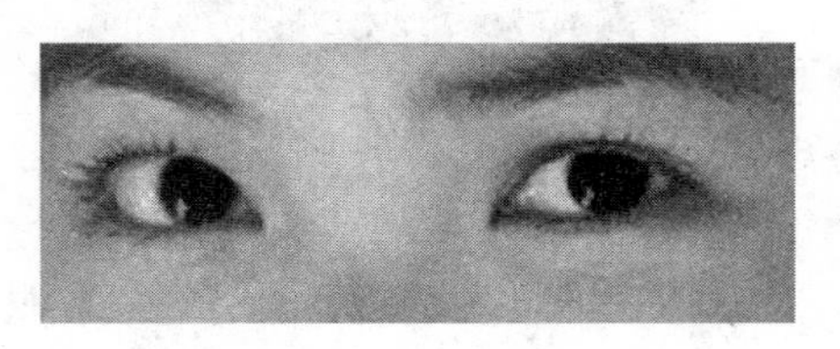

图 4-11 调整皮肤色阶后的效果

(5) 以右侧眼睛为例修复眼睛。在工具箱中选择【涂抹工具】，并在画笔工具栏中设置画笔主直径为 9 像素，【模式】为【正常】，【强度】为 20%，使用【涂抹工具】涂抹下眼白部分。在工具箱中选择【减淡工具】，在眼睛的眼白部分单击鼠标，将眼睛的眼白部分减淡，效果如图 4-12 所示。

(6) 在工具箱中选择【多边形套索工具】，在工具栏中将羽化值设为 5%，将眼睛的轮廓勾选出来，如图 4-13 所示。在工具箱中选择【模糊工具】，在【模糊工具】的工具栏中设置画笔主直径 20 像素，【模式】为【正常】，【强度】为 5%，在选取的区域内涂抹。在工具箱中选择【加深工具】，在选取区域内靠近眼皮的地方涂抹，如图 4-14 所示。

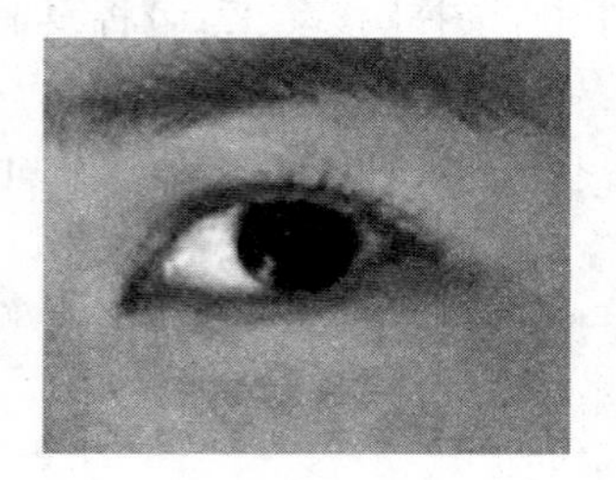

图 4-12 眼白部分减淡效果

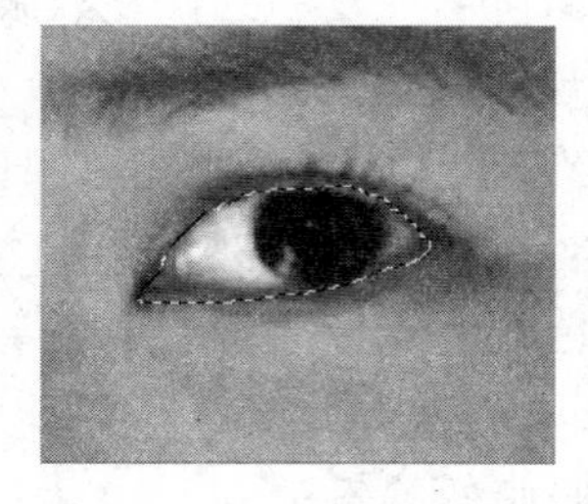

图 4-13 勾选眼睛的轮廓

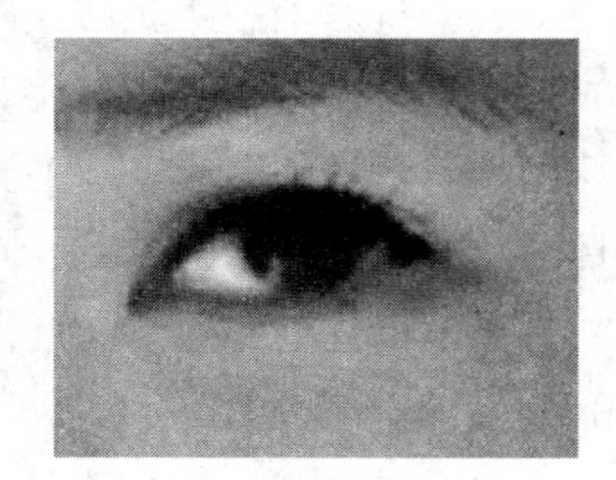

图 4-14 加深后的效果

(7) 在工具箱中选择【涂抹工具】，设置画笔主直径为 5 像素，【模式】为【正常】，【强度】为 21%，并在眼睛靠近睫毛处，由下而上涂抹出眼睫毛，如图 4-15 所示。

(8) 打开本章素材文件夹中“视网膜.png”文件，依次选择【编辑】|【拷贝】命令和【编辑】|【粘贴】命令，将图片粘贴到“修复红眼.psd”文件中，在工具箱中选择【移动工具】，将复制的图层移动到眼珠位置，如图 4-16 所示。为该图层添加【柔光】模式。

(9) 在工具箱中选择【椭圆选框工具】，选项【羽化】为 3px，【模式】为【正常】，选择【图

层】|【新建】|【图层】命令，在新图层上使用【椭圆形选框工具】选取眼睛眼黑部分。【前景色】设置为 R：143/G：90/B：15，使用【油漆桶工具】填充颜色，效果如图 4-17 所示。

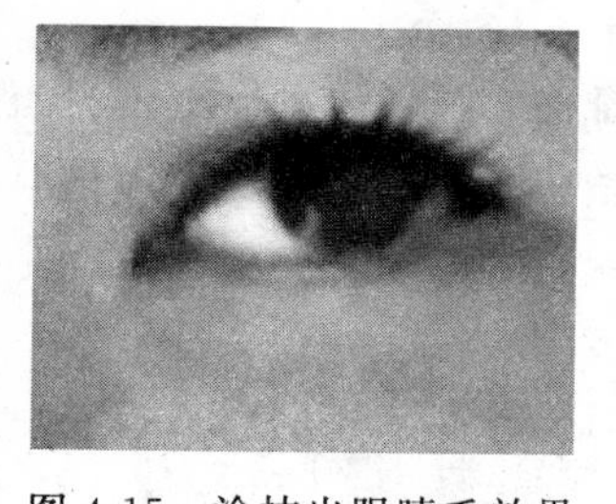

图 4-15　涂抹出眼睫毛效果

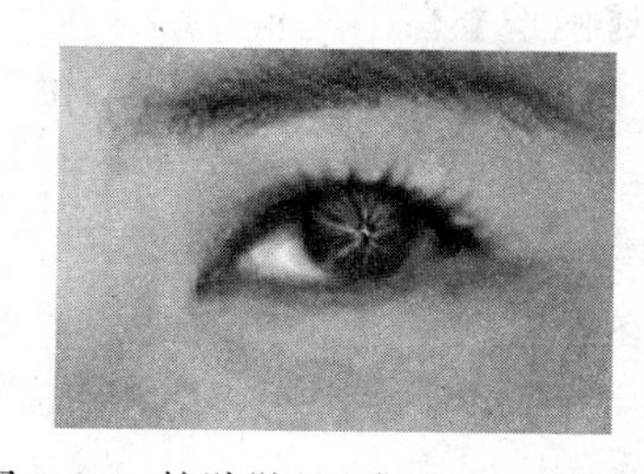

图 4-16　粘贴“视网膜.png”后的效果

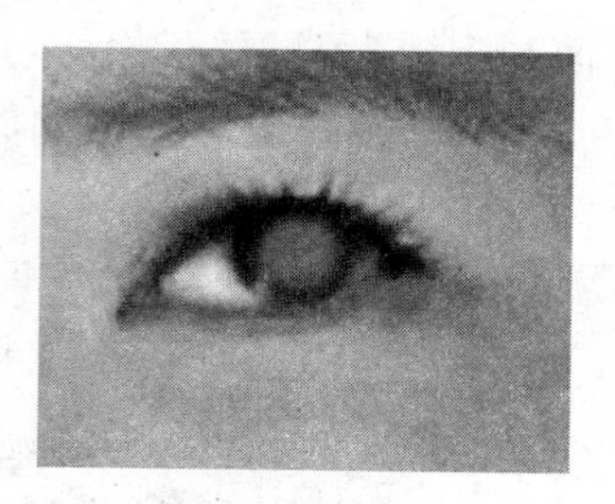

图 4-17　填充颜色后的效果

(10) 在工具箱中选择【减淡工具】，设置画笔主直径为 6，【范围】为【高光】，【曝光度】为 5%，在该图层靠近圆形下侧涂抹几次。将这个黄色圆形图层的【透明度】设为 80%。如图 4-18(a)所示。在工具箱中选择【橡皮擦工具】，在工具选项栏中选择【柔角】为 17 画笔，【不透明度】为 50%，【流量】为 60%。将图层圆形的上部擦去，效果如图 4-18(b)所示。

在【图层】面板中选择【背景】层，并选择【编辑】|【填充】命令，【内容】设为【白色】，在工具箱中选择【橡皮擦工具】，在工具选项栏中设置橡皮擦【柔角】为 9，【模式】为【画笔】，【不透明度】为 40%，【流量】为 40%，选中【背景副本层】，使用橡皮擦将眼珠的高光部分擦除，如图 4-19 所示。

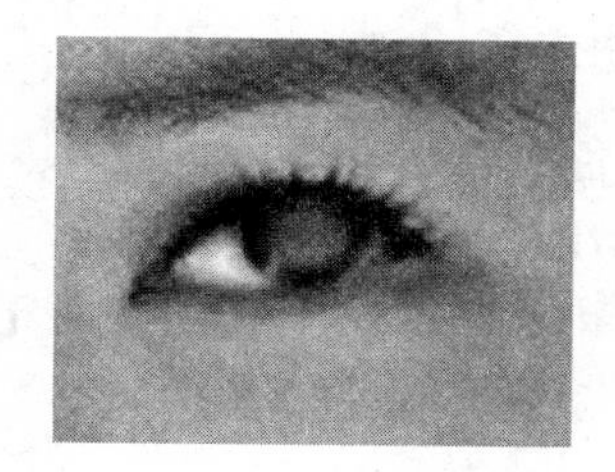

(a) 涂抹圆形下侧

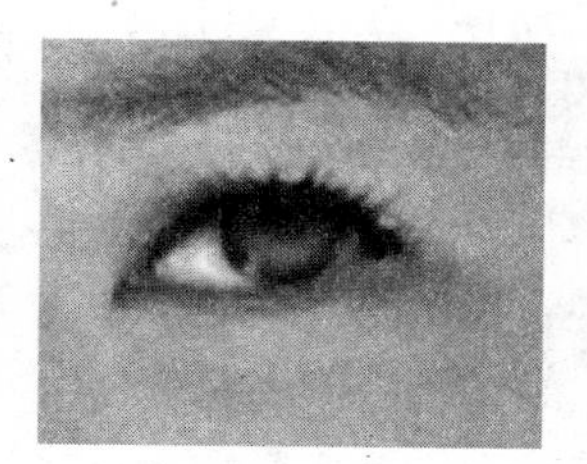

(b) 擦去图层圆形的上部

图 4-18　眼睛处理的示意图

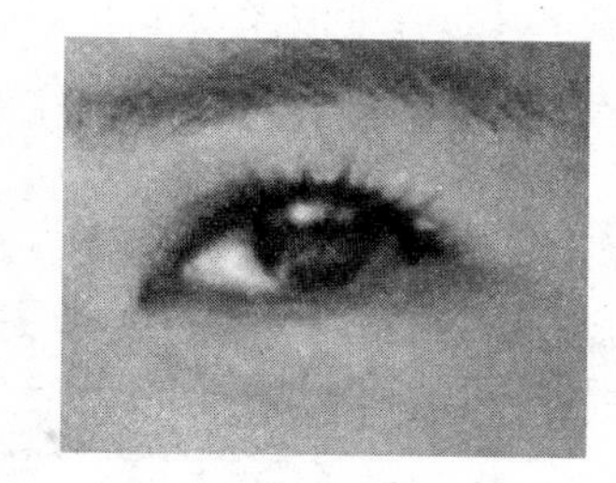

图 4-19　眼睛的高光效果

(11) 使用上述方法完成左侧眼睛的修复操作，完成后选择【文件】|【存储】命令，保存操作结果。

4.3　实验要求与提示

(1) 打开本章素材文件夹中的“女孩.jpg”文件，按下列要求对图片进行编辑，操作结果如图 4-20 所示，结果文件以“女孩.psd”为文件名保存在本章结果文件夹中。

① 改变画布大小为 9×12 厘米。

② 制作矩形相框，颜色为＃A96A08，添加【马赛克拼贴】滤镜效果和【斜面和浮雕】图层样式。

操作提示：

添加【马赛克拼贴】滤镜效果操作，选择【滤镜】|【纹理】|【马赛克拼贴】命令。添加【斜面和浮雕】图层样式操作，选择【图层】|【图层样式】|【斜面和浮雕】命令。

（2）打开本章素材文件夹中的“Fashion.jpg”文件，按下列要求对图片进行编辑，操作结果以“Fashion.psd”为文件名保存在本章结果文件夹中。

操作提示：

① 使用【矩形选框工具】在合适的位置建立选区，如图 4-21 所示。

图 4-20 样张 1

图 4-21 样张 2

② 使用【渐变工具】，在【渐变编辑器】中分别设置两端颜色为＃fb034f 和＃ffffff。

③ 使用【横排文字工具】，输入“Fashion”，设置颜色为＃ffffff，字体为 Impact，大小为 80 点。右击该图层，选择快捷菜单中的【混合选项】命令，在图层样式中选中【投影】、【外发光】，参数设置如图 4-22 所示。

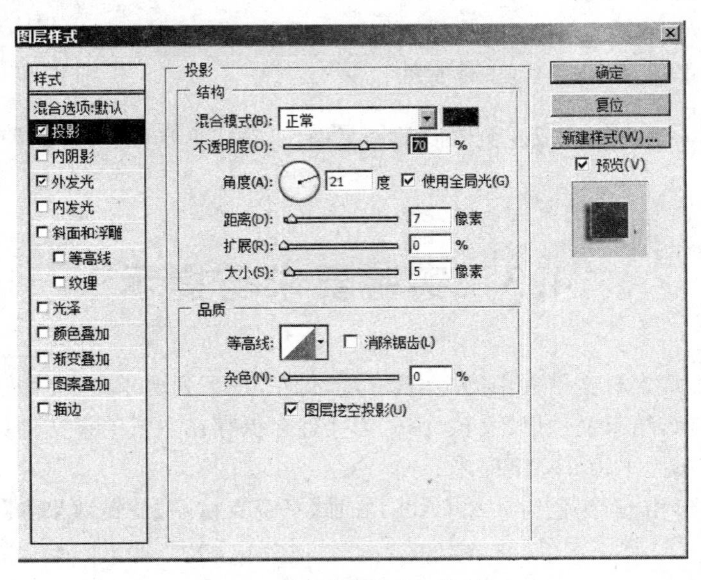

图 4-22 【图层样式】对话框

(3) 按下列要求对图片进行编辑，操作结果以“屋顶.psd”为文件名保存在本章结果文件夹中。

① 打开本章素材文件夹中的“屋顶.jpg”文件。

② 使用【钢笔工具】，如图 4-23 所示的样张 3，在合适的位置描出路径。将上方左右两个矩形的路径保存为“路径 1”，将底部三角形的路径保存为“路径 2”。

③ 右击“路径 1”，在快捷菜单中，选择【建立选区】。使用【渐变工具】，在【渐变编辑器】中分别设置两端颜色为＃d99f03 和＃655a4e，【透明度】为 50％。

④ 右击“路径 2”，在快捷菜单中，选择【建立选区】。使用【渐变工具】，在【渐变编辑器】中分别设置两端颜色为＃fcca04 和＃ffffff，【透明度】为 37％。

(4) 打开本章素材文件夹中的“双虎.jpg”文件，按下列要求对图片进行编辑，操作结果以“虎.psd”为文件名保存在本章结果文件夹中。

① 将图像按比例缩小为 600×450 像素。

② 使用【椭圆选框工具】创建选区，对选区居外描边黄色、3 个像素。

③ 对选区外使用【渐变工具】对选区填充样式为【线性渐变】、【不透明度】为 40％、反向的色谱渐变色。

④ 合并图层，使用【椭圆选框工具】创建选区，对选区居外描边 5 个像素，颜色为＃4f3203。反选，删除选区内容。操作结果如图 4-24 所示。

图 4-23　样张 3

图 4-24　样张 4

操作提示：

合并图层操作，选择【图层】|【拼合图像】命令。

(5) 按下列要求对图片进行编辑，操作结果以“桃花.psd”为文件名保存在本章结果文件夹中。

① 打开本章素材文件夹中的“桃花.jpg”文件，去掉图片上的字母和日期。

② 使用【颜色替换工具】将“桃花.jpg”中花的颜色修改为如图 4-25 所示的颜色，颜色的取样来自本章素材文件夹中的“花景.jpg”。设置【画笔直径】为 400px，【模式】为【颜色】，【限制】为【查找边缘】，【容差】为 50％。

(6) 按下列要求对图片进行编辑，操作结果以“四季.psd”为文件名保存在本章结果文件夹中。

① 打开本章素材文件夹中的“四季.jpg”文件，如图 4-26 所示。

图 4-25　样张 5

图 4-26　样张 6

② 使用【矩形选框工具】，分别在 4 张图片的合适位置建立选区。

③ 选择【图像】|【调整】|【色相/饱和度】命令，上、下、左、右 4 张图像的参数如下。

设置左上角图片【色相】为－23，【饱和度】为＋34，【明度】为 0；

设置右上角图片【色相】为＋34，【饱和度】为＋64，【明度】为＋5；

设置左下角图片【色相】为＋43，【饱和度】为＋59，【明度】为－7；

设置右下角图片【色相】为－94，【饱和度】为＋19，【明度】为＋8。

(7) 按下列要求对图片进行编辑，操作结果以“甲壳虫.psd”为文件名保存在本章结果文件夹中。

① 打开本章素材文件夹中的“甲壳虫.jpg”文件。

② 新建图层，使用【渐变工具】，选择【径向渐变】，在【渐变编辑器】中分别在两端设置颜色为＃4ca001 和＃295601。

③ 使用【钢笔工具】，如图 4-27 所示，在合适的位置描出路径，保存为“路径 1”，并建立选区。右击，在快捷菜单中选择【选择反选】，使用【橡皮擦工具】擦除选区内图片。复制该图层，设置【不透明度】为 40％，如图 4-27 所示，调整到右上方合适位置。

④ 使用【仿制图章工具】，如图 4-27 所示，在图片左边的合适位置复制两次图片。

⑤ 复制该图层，选择【编辑】|【变换】|【水平翻转】。

(8) 打开本章素材文件夹中的“水莲.jpg”文件，如图 4-28 所示。使用【仿制图章工

图 4-27　样张 7

图 4-28　样张 8

具】在莲花的左侧复制一朵莲花，在莲花的右侧复制一朵大小为原莲花的70%、旋转角度为-15度的莲花。操作结果以“水莲.psd”为文件名保存在本章结果文件夹中。

(9) 打开本章素材文件夹中的“上海夜景1.jpg”和“上海夜景2.jpg”文件，按下列要求对图片进行编辑，操作结果以“夜景.psd”为文件名保存在本章结果文件夹中。

① 去除“上海夜景2”图片中的文字。

② 利用【仿制图章工具】将“上海夜景1”中的部分建筑复制到“上海夜景2”中。图片最终效果如图4-29所示。

③ 输入文字“SHANGHAI”，文字的格式为Monotype Corsiva、白色，拼音的首字符大小为72点，其余的为60点。

(10) 按下列要求对图片进行编辑，制作成类似国画的效果，如图4-30所示。操作结果以“国画.psd”为文件名保存在本章结果文件夹中。

图4-29 样张9

图4-30 样张10

① 新建一个10×20cm的RGB文档，背景色为白色。

② 打开本章素材文件夹中的“图案.pat”文件，使用【矩形选框工具】和【图案图章工具】对选区填充图案。

③ 置入本章素材文件夹中的“荷花.jpg”和“蜻蜓.jpg”文件，适当缩放，按样张8排放。

④ 使用【矩形选框工具】和【渐变工具】对选区填充【黑白黑渐变色】，制作画轴。

⑤ 在左上角输入文字“小荷才露尖尖角，早有蜻蜓立上头”，文字格式为：竖排、隶书、18点、黑色。

(11) 参照例4.1制作焰火效果，操作结果以“鸟巢.psd”为文件名保存在本章结果文件夹中。

① 打开本章素材文件夹中的“鸟巢.jpg”文件。

② 使用【画笔工具】绘制焰火。

③ 使用图层样式来制作发光效果。操作结果如图 4-31 所示。

图 4-31　样张 11

（12）请找一张红眼的人物肖像照片，参照例 4.2，将红眼部分修复。

4.4　课外练习与思考

1. 选择题

（1）在使用【画笔工具】时，可以通过画笔属性栏来设置许多选项，其中不能设置的选项是下面的（　　）。

A.【画笔笔尖形状】　　B.【渐隐效果】

C.【不透明度】　　D.【颜色】

（2）下面的工具中能轻松地消除图片中的杂点、蒙尘、划痕和褶皱的是（　　）。

A.【修复画笔工具】　　B.【模糊工具】

C.【锐化工具】　　D.【海绵工具】

（3）下面工具中能达到复制图像目的的是（　　）。

A.【修复画笔工具】　　B.【仿制图章工具】

C.【涂抹工具】　　D.【历史记录画笔工具】

（4）在使用【画笔工具】、【填充工具】时，需要选择一种颜色，下面选项中不能用来选定颜色的是（　　）。

A.【吸管】画笔　　B.【颜色】面板

C.【样式】面板　　D.【拾色器】

（5）以下（　　）种说法是正确的。

A. 在图像操作中，随时都可以使用【历史记录画笔工具】

B.【铅笔工具】可以在任意模式下使用

C.【画笔工具】可以同时绘制两种以上的颜色

D. 渐变填充只可以在图层中使用

(6) 以下(　　)种说法是正确的。

A. 使用【减淡工具】可以将黑色变成白色

B. 【仿制图章工具】可以跨层采样

C. 【涂抹工具】可以对任何对象进行操作，包括对文字对象和智能对象

D. 【红眼工具】可以修复“青光眼”

(7) 下列(　　)色彩模式的图像不能使用【渐变工具】。

A. 灰度　　B. 双色调　　C. 索引颜色　　D. 多通道

(8) 下面(　　)选项面板中没有不透明度选项。

A. 【画笔工具】　　B. 【橡皮擦工具】

C. 【橡皮图章工具】　　D. 【减淡工具】

(9) 选择【编辑】|【填充】命令不能对图像选区进行(　　)填充。

A. 前景色　　B. 背景色　　C. 图形　　D. 渐变色

2. 填空题

(1) 使用【椭圆选框工具】绘制正圆形的方法是________。

(2) 使用【仿制图章工具】时，需要先按________键定义图案；在图案图章工具属性栏中选中________复选框，可以绘制类似于印象派艺术画效果。

(3) 【渐变工具】提供了线性渐变、________、________、________和菱形渐变 5 种渐变方式。

(4) 【修复工具】和________工具都可以用于修复图像中的杂点、蒙尘、划痕及褶皱等。

(5) 【橡皮擦工具组】包括【橡皮擦工具】、________和________ 3 种工具。

(6) 使用________工具可以柔化图像中的硬边界，校正由过分锐化导致的像素结块的现象。

(7) 使用________工具可以改善图像的曝光效果，因此在照片的修正处理上有它的独到之处。

(8) 使用________工具可以增加图像的对比度，使图像变得更清晰，利用此工具还可以提高________的性能。

3. 思考题

(1) 有哪些工具可以用来绘图？

(2) 使用【画笔工具】时，如果要绘制毛笔的笔触效果应该调整哪些选项？

(3) 请描述如何使用【修复工具】来修补缺损或者污浊的图片？

(4) 使用【仿制图章工具】复制图像，可以恢复成原来的图像吗？

(5) 使用【历史记录画笔工具】可以做什么？

(6) 三种橡皮擦工具的作用和使用方法有什么不同？

第5章 路径与形状

5.1 实验目的与要求

(1) 掌握路径工具的创建、编辑和基本应用。

(2) 掌握形状的创建、编辑和【路径】调板的使用方法。

(3) 掌握文字工具的使用和编辑方法。

5.2 典型范例分析与解答

例 5.1 制作如图 5-1 所示的儿童节贺卡。

制作要求：

(1) 新建文件，设置文件的【宽度】为 500 像素，【高度】为 500 像素，【分辨率】为 72 像素/英寸，【颜色模式】为 RGB，【背景内容】为白色。

(2) 在儿童节贺卡上绘制花朵形状，设置花朵形状的颜色，再设置阴影和内发光。

(3) 选择【椭圆选框工具】绘制正圆形，并设置颜色，并对该圆形设置【内阴影】,【内发光】和【外发光】的图层样式。

(4) 选择【椭圆选框工具】绘制椭圆形选框，并用【渐变工具】画出花朵的高光部分。

(5) 在工具箱中选择【自由钢笔工具】，绘制彩带，并在【路径】面板中将路径转化为选区，使用【渐变工具】绘制橙黄橙渐变效果。

图 5-1 儿童节贺卡的样张

(6) 设置彩带样式为【内阴影】和【外发光】。

(7) 打开本章素材文件夹中的“木偶.jpg”文件，复制和粘贴到儿童节贺卡的页面中，并调整图片大小到合适，逆时针方向旋转，设置该图层的投影和描边。

(8) 完成制作后，将图片以“儿童节贺卡.psd”为文件名保存在本章结果文件夹中。

制作分析：

本案例应用【自定义形状工具】、【自由钢笔工具】、图层样式、【选框工具】和【渐变工具】等工具完成如图 5-1 所示的贺卡制作。

实现此案例主要使用【自定义形状工具】绘制花朵图形，通过设置图层模式和图层样式，实现花朵立体感效果的操作。应用【自由钢笔工具】，绘制彩带，使用【渐变工具】填充橙黄橙渐变颜色。

本例的难点在于：【自定义形状工具】和【自由钢笔工具】使用方法，以及路径和选区的相互转换操作。

操作步骤：

(1) 新建一个页面，选择【文件】|【新建】命令，在【新建】对话框中设置【文件名】为"儿童节贺卡"，【宽度】为 500 像素，【高度】为 500 像素，【分辨率】为 72 像素/英寸，【颜色模式】为 RGB，【背景内容】为白色。然后单击【确定】按钮。

(2) 在工具箱中选择【自定义形状工具】，在工具选项栏中的当前形状库中选择【花 5】形状，并在页面的合适位置上按住鼠标和 Shift 键画出约 80×80 像素的花朵图形。

(3) 设置花朵形状的颜色为 R：250/G：100/B：0，填充花朵。选择【图层】|【图层样式】|【投影】命令，在【图层样式】对话框中设置投影的【混合模式】为【正片叠底】、【距离】为 2 像素、【大小】为 2 像素。【外发光混合模式】为【叠加】、【不透明度】为 50%、【颜色】为 R：250/G：100/B：0。

(4) 在工具箱中选择【椭圆选框工具】，并在页面的花朵图形合适位置上按住鼠标和 Shift 键创建约 60×60 像素的正圆形选区，并对选区填充 R：252/G：226/B：0 颜色如图 5-2 所示。选择【图层】|【图层样式】|【投影】命令，在【图层样式】对话框中设置投影的【混合模式】为【正片叠底】、【距离】为 3 像素、【扩展】为 2%、【大小】为 3 像素。设置【内阴影角度】为－90 度、【距离】为 2 像素、【大小】为 4 像素。【外发光混合模式】为【正片叠底】、【不透明度】为 30%、【颜色】为【黑色】。【内发光混合模式】为【正片叠底】、【不透明度】为 100%。设置图层样后的图形效果如图 5-3 所示。

图 5-2　设置颜色

图 5-3　设置图层样式

(5) 在工具箱中选择【椭圆选框工具】，并在花朵图形的合适位置按住鼠标创建约 40×60 像素的椭圆形选区，如图 5-4 左图所示。在工具箱中选择【渐变工具】，在工具选项栏中设置【从前景色到透明】，设置【前景色】为白色。在【图层】面板中新建图层，并在椭圆形选区内按住鼠标拖动，画出花朵的高光部分，如图 5-4 右图所示。

(6) 在【图层】面板中将 3 个图层合并，并移动到合适页面位置。在工具箱中选择【自由钢笔工具】，绘制彩带，并在【路径】面板中将路径转化为选区，如图 5-5 所示。在工具箱中选择【渐变工具】，在工具选项栏中选择【橙黄橙渐变色】，并在选区中按住鼠标并拖动，绘制效果如图 5-6 所示。

图 5-4　建立椭圆选框填充渐变色

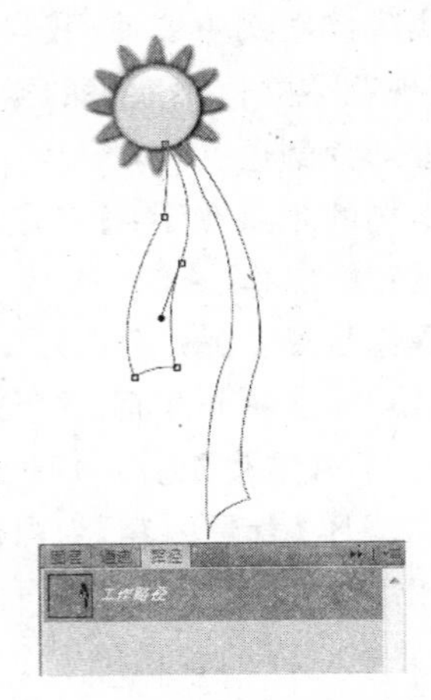

图 5-5　建立路径和【路径】面板

(7) 选择【图层】|【图层样式】|【投影】命令，在【图层样式】对话框中设置投影的【混合模式】为【正片叠底】、【角度】为 125 度、【距离】为 4 像素、【大小】为 4 像素。选择【图层】|【图层样式】|【外发光】命令，【外发光混合模式】为【正常】、【不透明度】为 5%、【颜色】为黑色。设置图层样式后彩带图形的效果如图 5-7 所示。

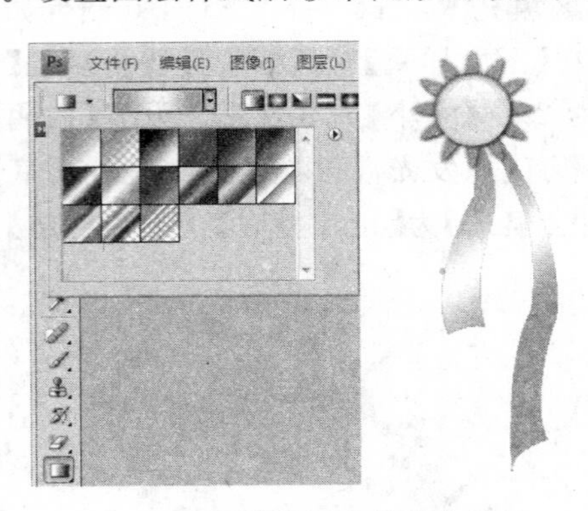

图 5-6　设置渐变颜色并填充选区

图 5-7　设置阴影和外发光图层样式后的效果

(8) 选择【文件】|【打开】命令，打开本章素材文件夹中的“木偶.jpg”文件。将其复制到儿童节贺卡的页面中，选择【编辑】|【变换】|【缩放】命令，并调整图片大小到合适，将图片逆时针方向旋转约 20 度。

选择【图层】|【图层样式】|【投影】命令，在【图层样式】对话框中设置投影的【混合模式】为【正常】、【角度】为 135 度、【距离】为 5 像素、【扩展】为 4%、【大小】为 20 像素。选择【图层】|【图层样式】|【描边】命令，设置【描边大小】为 10 像素、【颜色】为白色。

图 5-8　照相馆的样张

(9) 完成制作后，将图片以“儿童节贺卡.psd”为文件名保存在本章结果文件夹中。

例 5.2 按照如图 5-8 所示的样张,制作斑驳效果的文字。

制作要求:

(1) 新建文件,设置文件名为"照相馆.psd",保存在本章结果文件夹中。

(2) 新建【图层 1】,将【图层 1】的颜色设为颜色的渐变,并添加【马赛克】滤镜效果。

(3) 使用【横排文字工具】,字体为黑体,输入文字"照相馆"。

(4) 将照相馆文字设置【内阴影】,【渐变叠加】和【描边】。

(5) 复制文字图层,将复制层中的文字颜色设为黑色,多次复制该图层,并选中其中的图层,使用【移动工具】,微微移动这些图层,形成硬朗的阴影效果。

(6)【栅格化】|【文字】,使用【画笔工具】将【画笔工具】主直径调到合适尺寸,在【照相馆】图层上涂抹。

(7) 最后,使用【橡皮擦工具】擦抹去除。

(8) 完成制作后,保存操作结果。

制作分析:

本案例应用【文字工具】、【画笔工具】和添加滤镜效果等操作完成如图 5-8 所示的特效文字的制作。

实现此案例主要使用【文字工具】,通过设置图层样式和画笔的应用,实现文字具有立体、斑驳效果的操作。

在制作斑驳文字的时候,有两个主要的问题必须注意。

(1) 要将黑体字体制作为合适的图层样式,如【内阴影】,【渐变叠加】和【描边】。并将该文字复制,将图层样式删除,将颜色换成黑色,多次复制并微微移动,产生硬朗的阴影效果,而并非将底层黑色文字作为阴影的图层样式。

(2) 在栅格化文字后要选择合适的【橡皮擦工具】的画笔和主直径,并控制流量和透明度,才能制作出理想的斑驳的文字效果。

操作步骤:

(1) 选择【文件】|【新建】命令,在【新建】对话框中设置文件名为"照相馆.psd",【宽度】为 800 像素,【高度】为 400 像素,【分辨率】为 72 像素/英寸,【颜色模式】为 RGB,【背景内容】为白色,单击【确定】按钮。

(2) 新建【图层 1】,将【图层 1】的颜色设为从 R:116/G:116/B:116 到 R:80/G:80/B:80 颜色的渐变。填充【图层 1】,选择【滤镜】|【像素化】|【马赛克】命令,添加【马赛克】滤镜效果。

(3) 在工具箱中选择【横排文字工具】,在工具选项栏中选择【字体】为【黑体】,【大小】为 200 点,【颜色】R:256/G:256/B:256,输入文字"照相馆"。

(4) 选择【图层】|【图层样式】|【内阴影】命令,在【图层样式】对话框中设置内阴影的【混合模式】为【正常】、【不透明度】为 90%、【角度】为 120 度、【距离】为 9 像素。选择【图层】|【图层样式】|【渐变叠加】命令,在【图层样式】对话框中设置【混合模式】为【线性加深】、【不透明度】为 45%、【缩放】为 150%。选择【图层】|【图层样式】|【描边】命令,设置【描边大小】为 3 像素、【颜色】为灰色。设置样式后的文字效果如图 5-9 所示。

(5) 在【图层】面板中将【照相馆】图层复制，并将复制的层中的文字颜色设为黑色，图层样式中的效果全部去除。将【照相馆副本】图层多次复制为副本 1、副本 2、副本 3 等如图 5-10 所示，并选中其中的图层，选取工具箱中的【移动工具】，微微移动这些图层，形成硬朗的阴影效果。

图 5-9　为文字设置图层样式

(6) 选中【照相馆】图层，选择【图层】|【栅格化】|【文字】命令，将文字栅格化。在工具箱中选择【画笔工具】，将【画笔工具】主直径设置为 27px、【模式】为【变暗】，在【照相馆】图层上涂抹，如图 5-11 所示。

图 5-10　将图层多次复制

(7) 最后，在工具箱中选择【橡皮擦工具】，并在工具选项栏中选择合适的画笔，设置主直径的大小为 7px、【模式】为【画笔】，在上面擦除如图 5-12 所示。

图 5-11　在文字上涂抹

图 5-12　用【橡皮擦工具】擦除

(8) 完成制作后，选择【文件】|【存储为】命令，保存操作结果。

5.3 实验要求与提示

(1) 打开本章素材文件夹中的“Jazz.jpg”文件，按下列要求对图片进行编辑，操作结果以“Jazz.psd”为文件名保存在本章结果文件夹中。

① 使用【椭圆选框工具】，设置羽化为 32px。如图 5-13 所示的样张 1，建立选区。在【图像】|【调整】|【亮度/对比度】中，设置【亮度】为 15，【对比度】为 89。

② 右击，在快捷菜单中选择【选择反选】。在【图像】|【调整】中，选择【黑白】。

③ 分别使用【横排文字工具】，输入“JAZZ”和“DANCER”。设置【字体】为 Franklin Gothic Heavy，【大小】为 100 点。使用【移动工具】，如图 5-13 所示，移动到合适位置。

④ 使用【竖排文字工具】，输入“MUSIC”。设置【字体】为 Franklin Gothic Heavy，【大小】为 100 点。使用【移动工具】，如图 5-13 所示，移动到合适位置。

⑤ 右击 JAZZ 图层，选择快捷菜单中【混合选项】命令，在图层样式中选中【渐变叠加】。在【渐变编辑器】中，分别设置两端颜色为＃2d0202 和＃d09802。

⑥ 分别右击 DANCER 和 MUSIC 图层，选择快捷菜单中【混合选项】命令，在【图层样式】对话框中选中【渐变叠加】。在【渐变编辑器】对话框中，分别设置两端颜色为＃d09802 和＃2d0202。

(2) 打开本章素材文件夹中的“小船.jpg”文件，按下列要求对图片进行编辑，制作结果如图 5-14 所示。操作结果以“船.psd”为文件名保存在本章结果文件夹中。

图 5-13　样张 1

图 5-14　样张 2

① 使用【椭圆选框工具】创建椭圆选区，使用【油漆桶工具】填充颜色(颜色自定)，添加【杂色】滤镜效果，并对图层添加【斜面和浮雕】的图层样式，制作相框。

② 输入文字“静”，文字格式为华文行楷、100 点、蓝色，3 像素居外、黄色描边。并制作倒影字，【不透明度】为 60%。

操作提示：

添加【斜面和浮雕】图层样式操作，选择【图层】|【图层样式】|【斜面和浮雕】命令。

(3) 打开本章素材文件夹中的“爱心.jpg”文件，按下列要求对图片进行编辑，制作结果如图 5-15 所示。操作结果以“爱心.psd”为文件名保存在本章结果文件夹中。

① 使用【修复画笔工具】去掉图片左下角的文字。

② 使用【画笔工具】对心形描边，画笔的选项为枫叶、6 点、红色。

③ 输入文字“迎世博献爱心”，文字格式为华文新魏、48 点、【文字变形样式】为【膨胀】，并填充【毯子(纹理)】样式。

图 5-15　样张 3

(4) 打开本章素材文件夹中的“花景.jpg”文件，按下列要求对图片进行编辑，制作结果如图 5-16 所示。操作结果以“花景.psd”为文件名保存在本章结果文件夹中。

① 将图像大小按比例宽度缩小为 800 像素。

② 使用【横排文字工具】输入文字“CHINA”，文字格式为 Stencil Std、粗体、72 点，填充【拼图(图像)】样式，并旋转一个角度。输入文字“EXPO”文字，格式同上，填充【雕刻天空(文字)】样式，并旋转一定角度。

③ 使用【横排文字蒙版工具】输入文字“2010 ShangHai”，文字格式为华文行楷、60 点、斜体、粗体；对文字填充线性、反向的透明彩虹渐变颜色；白色、一像素居外描边。输入文字“上海欢迎您”，文字格式为隶书、60 点，居外描边红色、二像素，【文字变形样式】为【拱形】。

④ 打开本章素材文件夹中的“海宝.jpg”图片，图像大小按比例宽度缩小为 300 像素，复制到花景图片中，按图 5-16 样张排放。

(5) 打开本章素材文件夹中的“图片 1.jpg”文件，按下列要求对图片进行编辑，制作结果如图 5-17 所示。操作结果以“诗与画.psd”为文件名保存在本章结果文件夹中。

图 5-16　样张 4

图 5-17　样张 5

① 将图像的宽度缩小为600像素，高度缩小为550像素。

② 使用【修复画笔工具】去掉图片中的文字和人物。

③ 使用选框工具、绘图工具和填充颜色工具绘制渔翁。

④ 使用【直排文字工具】输入文字"渔歌子"，文字格式为方正舒体、48点、黑色，段落间距为－10点。输入文字"张志和"，字体格式同上，大小为30点。

输入文字"西塞山前白鹭飞，桃花流水鳜鱼肥。青箬笠，绿蓑衣，斜风细雨不须归"。字体格式同上，大小为36点。按样张排放。

(6) 打开本章素材文件夹中的"Jump.jpg"文件，按下列要求对图片进行编辑，制作结果如图5-18所示。操作结果以"Jump.psd"为文件名保存在本章结果文件夹中。

① 新建一个29.7×21cm的RGB文档，【背景色】为白色。新建一个图层，并删除【背景】图层。

② 使用【渐变工具】，选择【径向渐变】，在【渐变编辑器】中分别设置两端颜色为#01dcfd和#027f78。

③ 在"Jump.jpg"文件中，使用【钢笔工具】，如图5-19所示，描出图片路径，并建立选区。使用【移动工具】将选取的图片移动到新建文档中合适的位置。

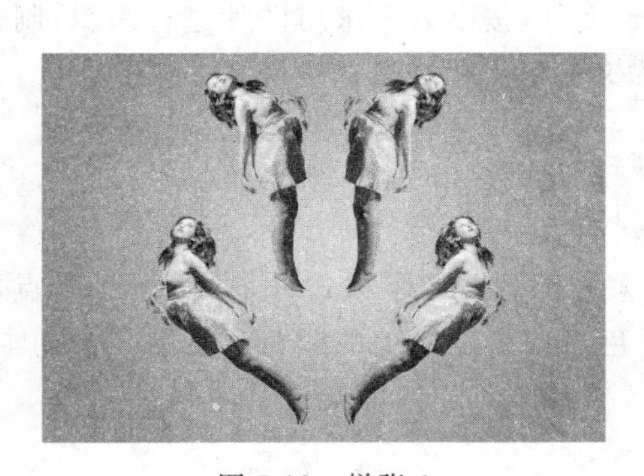

图5-18　样张6

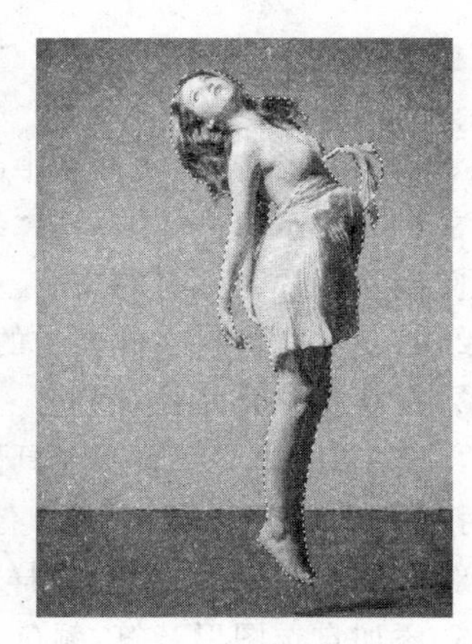

图5-19　建立选区示意图

④ 在新建文档中，复制该图层。选择【编辑】|【变换】|【水平翻转】。再复制这两个图层，如图5-18所示，调整到合适的大小与位置。

(7) 打开本章素材文件夹中的"Blossom.jpg"文件，按下列要求对图片进行编辑，制作结果如图5-20所示。操作结果以"Blossom.psd"为文件名保存在本章结果文件夹中。

① 新建一个21×29.7cm的RGB文档，背景色为白色。

② 在"Blossom.jpg"文件中，使用【钢笔工具】，如图5-21所示，描出图片路径，并建立选区。使用【移动工具】将选区的图片移动到新建文档中合适的位置，并复制该图层，选择【编辑】|【变换】|【水平翻转】。

③ 在新建文档中，如图5-20所示，调整到合适的大小和位置。

④ 新建一个图层，如图5-20所示，分别使用【矩形选框工具】建立两个矩形选区。使

用【渐变工具】,在【渐变编辑器】中分别在两端设置颜色为＃d7031c 和＃ 581f01。

⑤ 分别使用【横排文字工具】,输入“Fresh”和“Blossom”,设置字体为 Franklin Gothic Heavy,大小为 72 点,颜色为＃ffffff。分别复制这两个图层,选择【编辑】|【变换】|【垂直翻转】。右击图层,在快捷菜单中选择【混合选项】|【渐变叠加】,在【渐变编辑器】中分别在两端设置颜色为＃d7031c 和＃ 581f01。

图 5-20　样张 7

图 5-21　创建鞋的选区

(8) 打开本章素材文件夹中的“城市.jpg”文件,按下列要求对图片进行编辑,制作结果如图 5-22 所示。操作结果以“绿洲.psd”为文件名保存在本章结果文件夹中。

① 擦除图片上原有的文字。

② 打开本章素材文件夹中的“春天.jpg”和“花朵.jpg”文件,制作图案。

③ 按样张填充路径。

④ 使用【横排文字蒙版工具】输入文字“东方绿洲”,文字格式为华文行楷、60 点,【创建文字变形】为【膨胀】。居外 3 像素描边,颜色为最高建筑上的颜色。复制一个副本,内部 3 像素描边,颜色为绿色,按样张排放。

⑤ 添加自选图形音符,颜色为红色。

(9) 按下列要求对图片进行编辑,制作结果如图 5-23 所示。操作结果以“书.psd”为文件名保存在本章结果文件夹中。

图 5-22　样张 8

图 5-23　样张 9

① 打开本章素材文件夹中的“图片3.jpg”和“书.jpg”文件，将书复制到图片3，适当缩小，按样张排放。

② 创建矩形选区，填充颜色为【透明彩虹渐变】、【不透明度】为40%的线性渐变色，添加【斜面和浮雕】的图层样式。

③ 创建椭圆选区，将其转换为路径。输入文字“书-人类精神的粮食”，文字格式为隶书、30点、红色。通过自由变换路径改变路径大小，使文字的排列基本同样张一致。

(10) 按下列要求对图片进行编辑，制作结果如图5-24所示。操作结果以“祈盼.psd”为文件名保存在本章结果文件夹中。

① 打开本章素材文件夹中的“相框.jpg”和“图片4.jpg”文件，将图片4复制到相框文件，适当缩小，按样张排放。

② 复制【背景】层，使用【横排文字蒙版工具】输入文字“祈盼”，文字格式为隶书、60点。添加蒙版，并对图层添加【斜面和浮雕】的图层样式，结构方式为【枕状浮雕】；深度为250%，制作如样张所示的立体文字。

③ 交换图层，将蒙版文字层放在最上面。

(11) 参照例5.2，综合使用文字与路径工具制作如图5-25所示浮雕文字效果，操作结果以“浮雕文字.psd”为文件名保存在本章结果文件夹中。

图5-24 样张10

图5-25 样张11

5.4 课外练习与思考

1. 选择题

(1) 按住(　　)键的同时单击图层面板中的文字，可以将文字转换为选区。

A. Alt　　B. Shift　　C. Ctrl　　D. Enter

(2) 绘制一条有多个锚点的路径曲线后，可以使用(　　)工具来移动某个锚点。

A. 路径选择　　B. 直接选择　　C. 转换点　　D. 钢笔

(3) 利用【自定义形状工具】可以绘制多种复杂图案的路径，用(　　)命令或者工具可以对形状路径进行变换操作。

A.【编辑】|【变换路径】　　B.【路径选择工具】

C. 直接选择工具　　　　　　　　D. 转换点

(4) 下面关于路径的说法正确的是(　　)。

A. 利用选区可以生成路径

B. 可以利用画笔和图案对路径进行描边

C. 对路径实施变换操作改变路径的平滑程度

D. 路径可以弥补 Photoshop 只能处理位图的缺陷

(5) (　　)工具可以储存图像中的选区。

A. 钢笔　　B. 画笔　　C. 图层　　D. 路径

(6) 以下(　　)可以创建文字选区。

A. 横排文字工具　　　　　　　　B. 直排文字工具

C. 路径选择工具　　　　　　　　D. 直排文字蒙版工具

(7) 当将浮动的选择范围转换为路径时,所创建路径的状态是(　　)。

A. 工作路径　　　　　　　　　　B. 开放的子路径

C. 剪贴路径　　　　　　　　　　D. 填充的子路径

(8) 以下(　　)元素可以转换为选区。

A. 图层　　B. 蒙版　　C. 路径　　D. 通道

(9) 以下(　　)说法是正确的。

A. 在同一段文字中只能设置一种字体

B. 文字大小设置最大只能设置到 72 点

C. 可以为进行了变形处理的文字添加图层样式

D. 必须使用竖排文字输入工具才可以输入竖排文字

(10) 文字可以转换成(　　)。

A. 路径　　　　　　　　　　　　B. 蒙版

C. 通道　　　　　　　　　　　　D. 普通图层

2. 填空题

(1) 路径是一些矢量式的线条,无论图像缩小或放大,都不会影响其________。

(2) 路径可以使用________、________和________等来创建。

(3) ________工具可以快速选择一个或几个路径并对其进行移动、组合、排列和变换等操作。

(4) 路径工具的应用主要包括________、________、________、________以及保存与输出路径等操作。

(5) 使用________工具可以在图像中选取一个文字形状的选区,并可以对这个选区进行操作,从而创造出一些特殊效果。

(6)【文字输入工具】的快捷键是________。

(7) 制作文字环绕图形的效果,首先要绘制文字环绕的________。

(8) 文字描边的操作,首先要对文字________,然后选择【编辑】|【描边】命令。

3. 思考题

（1）使用【钢笔工具】绘制的路径一定是封闭的路径吗？使用【钢笔工具】绘制的路径可以用什么工具来调整？

（2）如何将路径转换成选区？

（3）要设置段落文字的行距与字距应该在什么面板中调整？

（4）如何在一段路径上添加文字？如何将文字转换成路径？

第6章 图像的颜色

6.1 实验目的

(1) 掌握图像的颜色、模式、色彩、色调、曲线、色阶的各种调节方式和方法。

(2) 掌握调整图像的色相、饱和度、对比度和亮度的方法。

(3) 掌握修正图像色彩失衡、色相、曝光不足或过度等缺陷的方法。

6.2 典型范例分析与解答

例 6.1 制作波普风格插画,如图 6-1 所示。

图 6-1 波普风格插画的样张

制作要求:

(1) 打开本章素材文件夹中的“汽车.jpg”文件。

(2) 将图像的色阶适当调整,再将图片的色调分离。选择图片,将图片选区复制到剪贴板上。

(3) 新建一个页面,【颜色模式】为 RGB,【背景内容】为【白色】。以“波普风格插画.psd”为文件名保存在本章结果文件夹中。将图片粘贴上去,多次复制该图层,并选择【移动工具】,将 9 个图层上的图片移动到合适位置。

(4) 在【图层】调板中选择【图层 1】，选择【魔棒工具】，选取【图层 1】中的汽车图片背景的白色部分。将【前景色】和【背景色】设置成紫红色和湖蓝色。使用【油漆桶工具】以【前景色】填充白色背景。再使用【魔棒工具】选择灰色背景部分，使用【油漆桶工具】以【背景色】填充灰色的背景。

(5) 在工具箱中选择【魔棒工具】，将背景全部选中，反选该选区，将汽车选中。选择【替换颜色】命令，使用【吸管工具】吸取黄色区域，将黄色替换成绿色。

(6) 在【图层】调板中选择【图层 1】的副本，使用同样的方法，将第 2 张图片的背景颜色填充为湖蓝色和深绿色。再选择【替换颜色】，将车身主体的颜色换成中黄色。

(7) 在【图层】调板中选择【图层 1】的副本 2，使用的同样方法，将第 3 张图片的背景颜色填充为湖蓝色和土红色。再选择【替换颜色】，将车身主体的颜色换成紫红色。

(8) 在【图层】调板中选择【图层 1】的副本 3，使用同样的方法，将第 4 张图片的背景颜色填充为红色和绿色。再选择【替换颜色】命令，调整饱和度和明度，将车身主体的颜色换成白色。

(9) 在【图层】调板中选择【图层 1】的副本 4，使用同样的方法，将第 5 张图片的背景颜色填充为黄色和蓝色。再选择【替换颜色】命令，将车身主体的颜色换成蓝紫色。

(10) 在【图层】调板中选择【图层 1】的副本 5，使用同样的方法，将第 6 张图片的背景颜色填充为橘黄色和粉红色。再选择【替换颜色】，将车身主体的颜色换成湖蓝色(替换【色相】值＋140)，如图 6-11 所示。

(11) 在【图层】调板中选择【图层 1】的副本 6，使用同样的方法，将第 7 张图片的背景颜色填充为黄色和紫色。再选择【替换颜色】命令，将车身主体的颜色换成红色。

(12) 在【图层】调板中选择【图层 1】的副本 7，使用同样的方法，将第 8 张图片的背景颜色，填充为紫色和灰色。

(13) 在【图层】调板中选择【图层 1】的副本 8，使用同样的方法，将第 9 张图片的背景颜色，填充为大红色和深红色。同样方法选择车身区域，选择【去色】，将车身变成黑白图片。再调整图片的色阶。

(14) 完成制作后，将图片以“波普风格插画. psd”为文件名保存在本章结果文件夹中。

制作分析：

本案例应用替换颜色、调整色阶、去色等操作完成如图 6-1 所示的波普风格插画的制作。

实现此案例主要通过【调整色阶】和【色调分离】命令，分离图片色调。使用【魔棒工具】根据颜色创建选区，使用【油漆桶工具】填充选区颜色，使用【替换颜色】命令，替换选区颜色。

本例的难点在于：使用【替换颜色】命令时，在对话框中对各选项的设置和应用。其中，吸管吸取颜色区域，用带“＋”的吸管为增加选区，用带“－”的吸管为减少选区。替换的颜色由色相、饱和度和明度设定。

操作步骤：

(1) 将本章素材文件夹中的素材“汽车. jpg”文件打开。

(2) 选择【图像】|【调整】|【色阶】命令，将对话框中的参数设置为 42、1.00、209，色阶调整后的图像如图 6-2 所示。选择【图像】|【调整】|【色调分离】命令，色阶值为 7，将图片的色调分离，如图 6-3 所示。选择【选择】|【全部】命令，选中图片，选择【编辑】|【拷贝】命令，将图片选区复制到剪贴板上。

图 6-2 色阶调整后

图 6-3 色调分离后

(3) 选择【文件】|【新建】命令，在【新建】对话框中输入文件名“波普风格插画.psd”，【宽度】为 900 像素，【高度】为 670 像素，【分辨率】为 72 像素/英寸，【颜色模式】为 RGB，【背景内容】为【白色】。然后单击【确定】按钮。将“波普风格插画.psd”为文件名保存在本章结果文件夹中。

选择【编辑】|【粘贴】命令，将图片粘贴到新建文件中。选择【图层】|【复制图层】命令，在弹出的对话框中单击【确定】按钮，多次复制该图层，并在工具箱中选择【移动工具】，将 9 个图层中的图片移动到合适位置，如图 6-4 所示。

图 6-4 将复制的图片移动并排列成 3 排 3 列

(4) 在【图层】调板中选择【图层 1】，在工具箱中选择【魔棒工具】，选取【图层 1】中汽车图片背景的白色部分。将【前景色】和【背景色】设置为 # ff48fc 和 # 31b3c6，在工具箱中选择【油漆桶工具】，以【前景色】填充白色背景。再用【魔棒工具】选择灰色背景部分，用【油漆桶工具】，以【背景色】填充灰色背景，如图 6-5 所示。

(5) 在工具箱中选择【魔棒工具】，在工具选项栏中设置【添加到选区】，将背景全部选中，选择【选择】|【反向】命令，反选该选区，将汽车选中。选择【图像】|【调整】|【替换颜色】命令，使用【吸管工具】单击汽车图像中车身主体的黄色区域，再使用带“+”的吸管增加黄色选区，调整【色相】值，将黄色替换成绿色，如图 6-6 所示。

图 6-5　填充白色和灰色背景

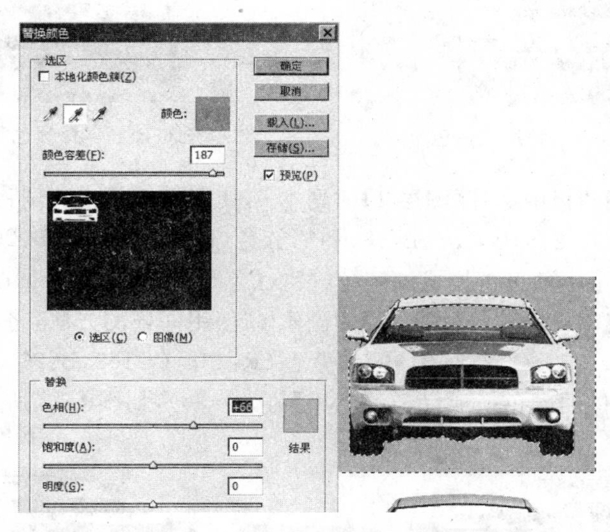

图 6-6　将车身颜色替换成绿色

(6) 在【图层】调板中选择【图层 1】的副本，使用同样的方法，将第 2 张图片的背景颜色填充为＃33c7e1 和＃2d5d55。选择【替换颜色】命令，将车身主体的颜色换成中黄色，如图 6-7 所示。

(7) 在【图层】调板中选择【图层 1】的副本 2，使用同样的方法，将第 3 张图片的背景颜色填充为＃43e5d6 和＃904218。再选择【替换颜色】命令，将车身主体的颜色换成紫色，如图 6-8 所示。

图 6-7　车身颜色替换成中黄色

图 6-8　车身颜色替换成紫色

(8) 在【图层】调板中选择【图层 1】的副本 3，使用同样的方法，将第 4 张图片的背景颜色填充为桔红色(R:255，G:63，B:0)和绿色(R:57，G:207，B:54)。再选择【图像】|【调整】|【替换颜色】命令，调整【饱和度】为－100、【明度】为＋82，将车身主体的颜色换成白

色，如图 6-9 所示。

(9) 在【图层】调板中选择【图层 1】的副本 4，使用同样的方法，将第 5 张图片的背景颜色填充为黄色(R:221,G:196,B:61)和蓝色(R:62,G:132,B:212)。再选择【替换颜色】命令，将车身主体的颜色换成蓝紫色(替换【色相】值为－136)，如图 6-10 所示。

图 6-9　车身颜色替换成白色

图 6-10　车身颜色替换成蓝紫色

(10) 在【图层】调板中选择【图层 1】的副本 5，使用同样的方法，将第 6 张图片的背景颜色填充为橘黄色(R:245,G:155,B:48)和粉红色(R:255,G:85,B:201)。再选择【替换颜色】命令，将车身主体的颜色换成湖蓝色(替换【色相】值为＋51)，如图 6-11 所示。

(11) 在【图层】调板中选择【图层 1】的副本 6，使用同样的方法，将第 7 张图片的背景颜色填充为黄色(R:277,G:238,B:99)和紫色(R:238,G:153,B:230)。再选择【替换颜色】命令，将车身主体的颜色换成红色(【色相】值为－36)，如图 6-12 所示。

图 6-11　车身颜色替换成湖蓝色

图 6-12　车身颜色替换成红色

(12) 在【图层】调板中选择【图层 1】的副本 7，使用同样的方法，将第 8 张图片的背景颜色填充为紫色(R:77,G:61,B:198)和灰色(R:139,G:139,B:139)，如图 6-13 所示。

(13) 在【图层】调板中选择【图层 1】的副本 8，使用同样的方法，将第 9 张图片的背景颜色填充为大红色(R:248,G:19,B:19)和深红色(R:135,G:20,B:20)。使用同样的方法选择车身区域，选择【图像】|【调整】|【去色】命令，将车身变成黑白色。选择【图像】|【调整】|【色阶】命令，调整【色阶】为 75,1.00,197，效果如图 6-14 所示。

图 6-13　背景色替换成紫色和灰色

图 6-14　汽车车身调整色阶

(14) 完成制作后，将图片以“波普风格插画.psd”为文件名保存在本章结果文件夹中。

例 6.2 按照“微笑的女孩.jpg”(如图 6-15 所示)的样张，制作修复面部的图片。

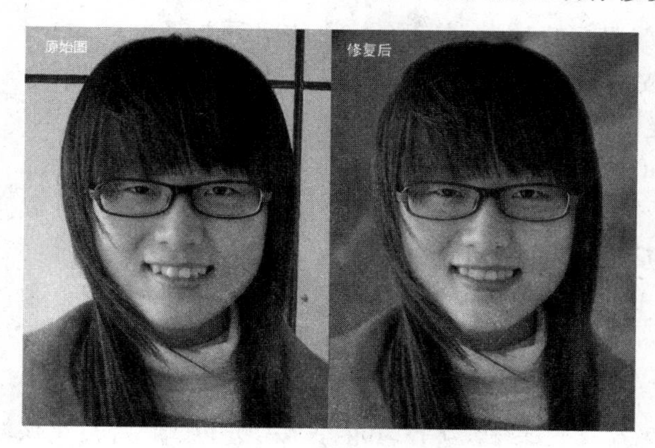

图 6-15 “微笑的女孩”的样张

制作要求：

(1) 打开本章素材文件夹中“女孩.jpg”文件，并以“微笑的女孩.psd”为文件名保存在本章结果文件夹中。

(2) 使用【仿制图章工具】，将女孩背景上的黑色条纹去除，将黑色条纹以背景灰色填充。

(3) 使用【魔棒工具】选择背景的灰色区域，再将选区反选，选择女孩头部和身体，收缩选区，将女孩人像复制到新图层。

(4) 选择【背景】图层，打开本章素材文件夹中的“背景.jpg”文件，将图片复制到“微笑的女孩.psd”中，复制到女孩的背景层上。

(5) 使用【套索工具】，选择女孩的脸部区域，去除眼睛部分。将脸部区域复制到新【图层 3】中。适当调整女孩面部皮肤变得更白、更红润。使用【橡皮擦工具】将女孩刘海部分的头发擦去，消除选区痕迹。

(6) 新建【图层 4】，使用【画笔工具】在女孩颧骨部分绘制腮红，并调整图层的【不透明度】，使用【橡皮擦工具】，将腮红多余部分擦去。

(7) 选择【图层 3】，使用【套索工具】，选择女孩的嘴部区域。将嘴唇区域复制到新图层中并调整嘴唇的颜色。使用【橡皮擦工具】将女孩嘴唇以外的部分擦去，并调整图层的【不透明度】为 70%。

(8) 将【嘴部】图层复制，再调整色阶，分别设置 RGB，红，绿，蓝的色阶。再调整【色相饱和度】。使用【橡皮擦工具】将女孩牙齿以外的嘴唇部分擦去，并调整图层的【不透明度】为 70%。

(9) 使用【仿制图章工具】修改牙齿部分的隙缝。

(10) 完成制作后，将图片以“微笑的女孩.psd”为文件名保存在本章结果文件夹中。

制作分析：

本案例应用【仿制图章工具】、【画笔工具】、【套索工具】和【仿制图章工具】等完成如图 6-15 所示的微笑女孩的制作。

在制作人物面部调整的时候，有两个主要的问题必须注意。

(1) 选择面部皮肤，必须羽化选区，将眼睛、鼻子、嘴部分的区域空出。并且在调整面部皮肤颜色时，只能做微调，而不能将颜色调整为离皮肤本身颜色过远的颜色，如蓝色、绿色、紫色，都是不可取的。

(2) 在调整嘴唇颜色时也要注意，将嘴唇和牙齿分开调整，分成两层，嘴唇的色彩偏红，而牙齿的色彩应该从原来的白色偏黄，修正为白色偏冷。

本例的难点在于：使用选区工具选择面部选区，并利用【调整颜色】命令调整面部五官的色调。

操作步骤：

(1) 打开本章素材文件夹中"女孩.jpg"文件，并以"微笑的女孩.psd"为文件名保存在本章结果文件夹中，如图 6-16 所示。

(2) 在工具箱中选择【仿制图章工具】，将女孩背景上的黑色条纹除去，按住 Alt 键并单击鼠标左键释放，再在合适的位置单击鼠标，将黑色条纹以背景灰色填充。

(3) 在工具箱中选择【魔棒工具】，参数如图 6-17 所示。选择背景的灰色区域，选择【选择】|【反向】命令，将选区反选，选择女孩头部和身体，并选择【选择】|【修改】|【收缩】命令，收缩三像素。依次选择【编辑】|【拷贝】命令和【编辑】|【粘贴】命令，将女孩人像复制到新图层，如图 6-18 所示。

图 6-16　女孩的原始照片

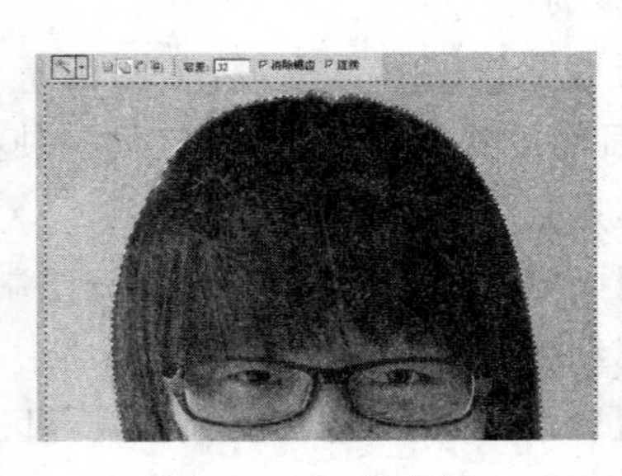

图 6-17　选择背景

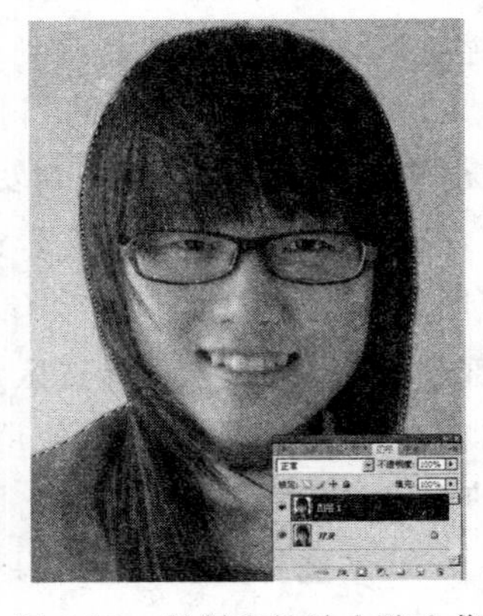

图 6-18　复制和粘贴女孩人像

(4) 选择【背景】图层，打开本章素材文件夹中的"背景.jpg"，选择【选择】|【全部】命令，再选择【编辑】|【复制】命令，再到"微笑的女孩.psd"中，选择【编辑】|【粘贴】命令，将背景图像复制到女孩的背景层上方，如图 6-19 所示。

(5) 在工具箱中选择【套索工具】，并在工具选项栏中设置，从选区中减去，羽化值为 3，选择女孩的脸部区域，去除眼睛部分，如图 6-20 所示。选择【编辑】|【复制】命令，再选择【编辑】|【粘贴】命令，将脸部区域复制到新图层中，即【图层 3】。选择【图像】|【调整】|

【色相饱和度】命令，在对话框中设置【色相】为－5，【明度】为＋4。适当调整女孩面部皮肤变得更白皙、更红润。在工具箱中选择【橡皮擦工具】，在选项栏中设置画笔的【主直径】为39px，【不透明度】为29％，【流量】为39％，使用【橡皮擦工具】将女孩刘海部分的头发擦去，消除选区痕迹，如图6-21所示。

图6-19　粘贴背景图像到【背景】图层上

图6-20　建立女孩面部选区

(6) 选择【图层】|【新建】|【图层】命令，新建【图层4】，在工具箱中选择【画笔工具】，并设置【画笔工具】参数和设置【前景色】为＃e55a5a，在女孩颧骨部分绘制腮红，如图6-22所示，并调整【图层4】的【不透明度】为25％，在工具箱中选择【橡皮擦工具】，将腮红多余部分擦去，如图6-23所示。

图6-21　调整后的面部

图6-22　用画笔工具绘制腮红

图6-23　调整图层透明度

(7) 选择【图层3】，在工具箱中选择【套索工具】，并在工具选项栏中设置羽化值为3，选择女孩的嘴部区域，如图6-24所示。选择【编辑】|【复制】命令，再选择【编辑】|【粘贴】命令，将嘴唇区域复制到新图层中，即【图层5】。选择【图像】|【调整】|【色相饱和度】命令，在对话框中设置【色相】为－4、【饱和度】为＋24、【明度】为－2，调整嘴唇的颜色。在工具箱中选择【橡皮擦工具】，将女孩嘴唇以外的部分擦去，如图6-25所示。调整【图层5】的【不透明度】为70％，效果如图6-26所示。

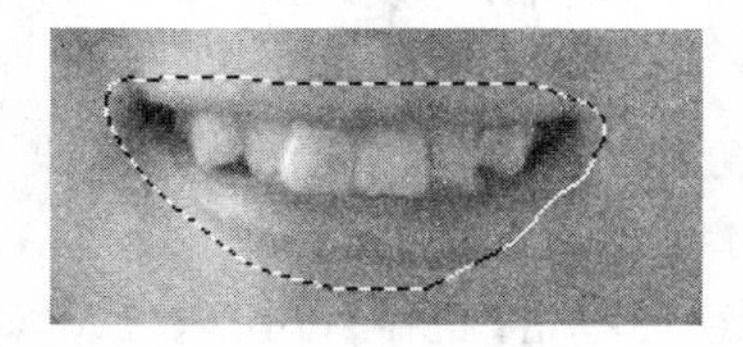

图6-24　选择嘴区域

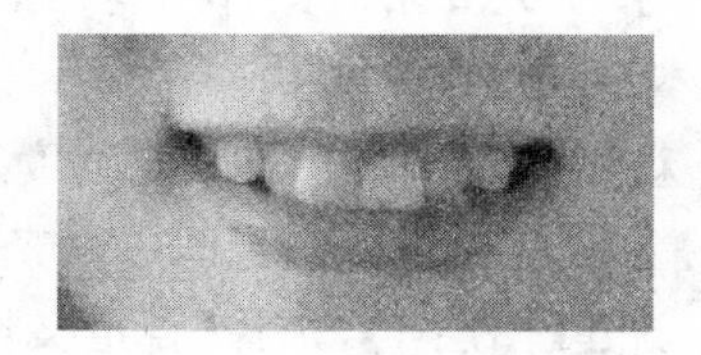

图6-25　擦去嘴唇多余部分

(8) 选择【图层】|【复制图层】命令，将嘴部复制为【图层 5】的副本，再选择【图像】|【调整】|【色阶】命令，分别设置 RGB 的色阶为 8、1.17、250，红的色阶为 11、0.69、253，绿的色阶为 39、0.87、255，蓝的色阶为 32、1.30、233。调整后效果如图 6-27 所示。再选择【图像】|【调整】|【色相饱和度】命令，在对话框中设置【色相】为－5、【饱和度】为－24、【明度】为＋15。调整后效果如图 6-28 所示。在工具箱中选择【橡皮擦工具】，用【橡皮擦工具】将女孩牙齿以外的嘴唇部分擦去，并调整【图层 5】的副本的【不透明度】为 70%，效果如图 6-29 所示。

图 6-26 调整图层的【不透明度】为 70%

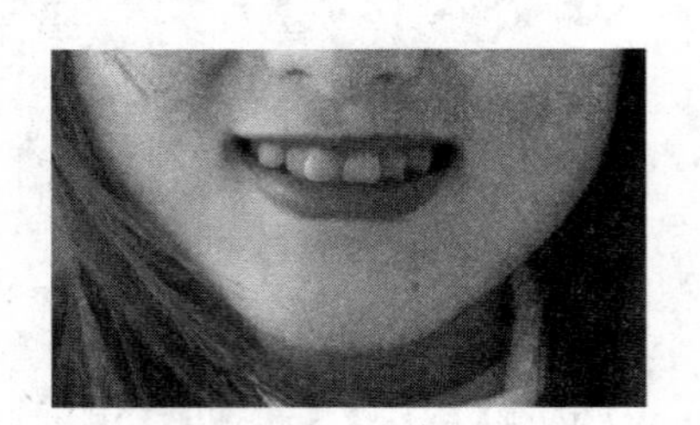

图 6-27 调整色阶后的结果

(9) 在工具箱中选择【仿制图章工具】，画笔【大小】为 5 像素，【模式】为【正常】，【透明度】和【流量】为 100%，修改牙齿部分的缝隙，如图 6-30 所示。

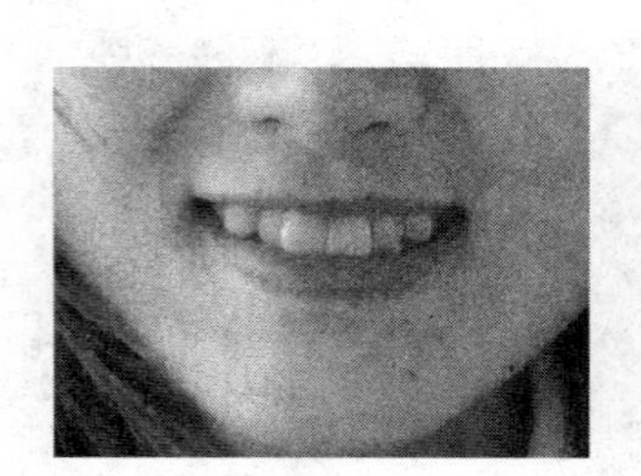

图 6-28 调整后效果

图 6-29 调整图层不透明度

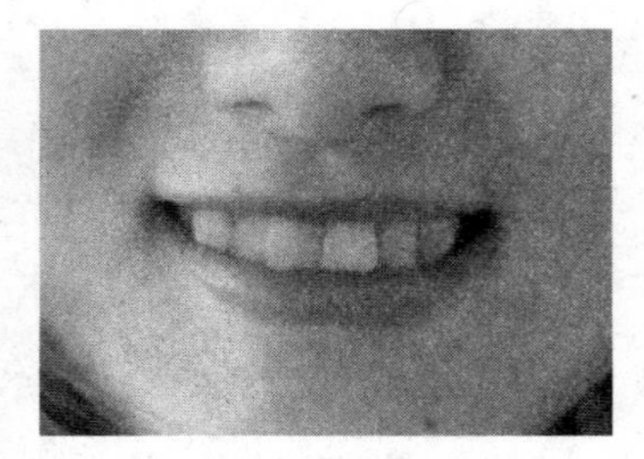

图 6-30 修改牙齿之间的缝隙

(10) 完成制作后，将图片以"微笑的女孩.psd"为文件名保存在本章结果文件夹中。

6.3 实验要求与提示

(1) 按下列要求对图片进行编辑，操作结果如图 6-31 所示，以"花形.psd"为文件名保存在本章结果文件夹中。

① 新建文件，设置文件的【宽度】为 8 厘米，【高度】为 8 厘米，【颜色模式】为 RGB，【背景内容】为白色。对【背景】图层填充黄色。

② 新建【图层 1】，选择【自定义形状工具】，在选项栏单击【路径】按钮，在【图像】窗口中绘制路径，调整位置。为路径填充颜色，并添加【斜面和浮雕】图层样式，等高线设置为 50%，纹理填充图案。

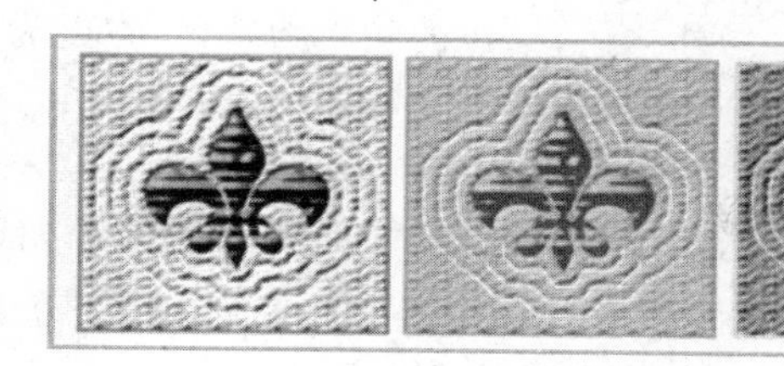

图 6-31　样张 1

③ 复制【背景】图层，添加【斜面和浮雕】图层样式，纹理填充图案。载入【图层 1】选区。

④ 新建【图层 2】，载入选区，扩展选区 12 像素，并对选区内部描边，描边的颜色为黑色，宽度为三像素。再重复两次扩展选区和描边的操作。载入【图层 2】选区，选中【背景副本】图层，将选区删除。隐藏【图层 2】。

⑤ 制作完成后，以 jpg 文件格式保存制作的花纹图案。

⑥ 新建文件，设置文件的【宽度】为 16 厘米，【高度】为 5 厘米，【分辨率】为 72 像素/英寸，【颜色模式】为 RGB，【背景内容】为白色。

⑦ 打开花纹图案文件，复制到新建文件中，缩小图像，再复制两个，按样张排放。

⑧ 调整【色相】、【饱和度】和【明度】，更改花纹图案的颜色。

(2) 打开本章素材文件夹中的“湖.jpg”文件，按下列要求对图片进行编辑，操作结果如图 6-32 所示，以“春天.psd”为文件名保存在本章结果文件夹中。

图 6-32　样张 2

① 使用【矩形选框工具】绘制矩形选区，对矩形选区描边，描边的颜色为黄色，宽度为三像素。对选区外的区域去色。

② 分别使用【磁性套索工具】选择小船和草地，调整小船的色彩平衡，绿色为＋100，黄色为－70，草地的色彩平衡绿色值为＋50。

③ 分别使用【磁性套索工具】选择左右两边的树，调整左边小树的色阶为 30、1.5、255，右边树的色阶为 30、1.5、200。

④ 在路径上添加文字“春天来了”，文字的字体为【隶书】、颜色为白色，“春”字的大小

为 60 点，其余的为 48 点，并对文字居外描边，描边的颜色为紫色，宽度为二像素。

(3) 打开本章素材文件夹中的“树林.jpg”文件，按下列要求对图片进行编辑，操作结果如图 6-33 所示，以“树林.psd”为文件名保存在本章结果文件夹中。

① 使用【横排文字工具】输入文字“千里之行始于足下”，文字的字体为隶书、大小为 72 点、斜体字，颜色为＃e327e5。添加【投影】、【外发光】、【斜面和浮雕】、【颜色叠加】和描边图层样式，描边的颜色为白色。按样张分两行排放。

② 打开本章素材文件夹中的“汽车 1.jpg”文件，去掉背景，将汽车复制到当前图片中，调整图像的亮度和对比度，设置其选项【亮度】为 70，【对比度】为 40。适当缩放按样张排放。

③ 打开本章素材文件夹中的“汽车 2.jpg”文件，去掉背景，将汽车复制到当前图片中，调整图像的亮度和对比度，设置其选项【亮度】为 30，【对比度】为 40。适当缩放按样张排放。

操作提示：

为图层添加样式的操作，选择【图层】|【图层样式】|【混合选项】命令，在对话框中分别选中【投影】、【外发光】、【斜面和浮雕】、【颜色叠加】和描边图层样式。

(4) 按下列要求对图片进行编辑，操作结果如图 6-34 所示，以“玉镯.psd”为文件名保存在本章结果文件夹中。

图 6-33　样张 3

图 6-34　样张 4

① 新建文件，设置文件的【宽度】为 12 厘米，【高度】为 12 厘米，【分辨率】为 120 像素/英寸，【颜色模式】为 RGB，【背景内容】为白色。

② 双击【背景】层使其转换为普通层。为图层添加【云彩】滤镜效果、【液化】滤镜效果，对云彩效果图进行单方向涂抹。

③ 使用【椭圆选框工具】创建正圆选区，选择反向，删除选区外的图像内容。

④ 再次选择反向，变换选区，拖曳控制点向中心移动，玉镯宽度合适后按 Enter 键确认，删除选区内的图像。至此，玉镯的平面效果就出来了。

⑤ 为图层添加【斜面和浮雕】图层样式，设置选项【深度】为 144％，【大小】为 30，【高度】为 70，【不透明度】为 100％。

⑥ 调整图像的色相和饱和度，设置选项【色相】为 120，【饱和度】为 47，【明度】为－7。

玉镯制作完毕。

⑦ 打开本章素材文件夹中的“背景图 1.jpg”文件，按样张复制、拼接和裁剪。将玉镯复制到背景图，适当缩小，再复制一个，按样张 4 排放。

操作提示：

为图层添加【云彩】滤镜效果的操作，选择【滤镜】|【渲染】|【云彩】命令。添加【液化】滤镜效果的操作，选择【滤镜】|【液化】命令。

(5) 参考如图 6-35 所示的样张，并按提示打开素材图像文件，制作如图 6-35 所示的图片，操作结果以“玫瑰.psd”为文件名保存在本章结果文件夹中。

操作提示：

① 打开本章素材文件夹中的“Flower.jpg”图像文件。

② 在文件中，使用【椭圆选框工具】按如图 6-36 所示建立选区。参数设置如图 6-36 所示。选择【图像】|【调整】|【色相/饱和度】命令，参数设置如图 6-37 所示。

图 6-35　样张 5

图 6-36　建立选区示意图

图 6-37　调整色相/饱和度

③ 选择【魔棒工具】，右击选区，在快捷菜单中选择【选择反选】。选择【图像】|【调整】|【色相/饱和度】命令，参数设置如图 6-38 所示。

④ 选择【滤镜】|【模糊】|【径向模糊】命令，参数设置如图 6-39 所示。

(6) 按下列要求对图片进行编辑，操作结果以“花.psd”为文件名保存在本章结果文件夹中，效果如图 6-40 所示。

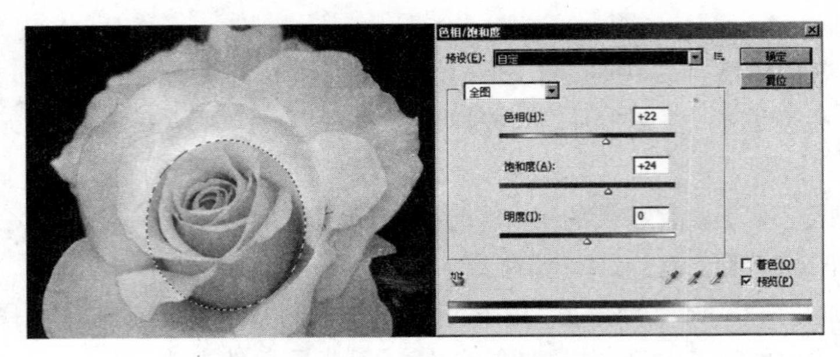

图 6-38　反选后调整色相/饱和度

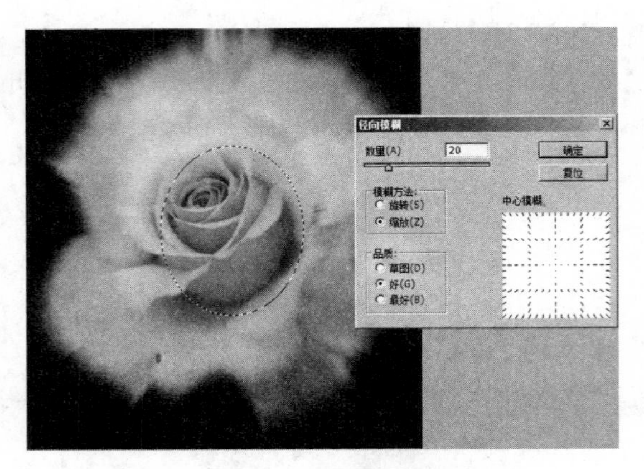

图 6-39　设置【径向模糊】滤镜

图 6-40　样张 6

① 新建文件，设置文件的【宽度】为 300 像素，【高度】为 450 像素，【分辨率】为 72 像素/英寸，【颜色模式】为 RGB，【背景内容】为白色。

② 使用【渐变工具】反向填充背景图，【颜色】为【透明彩虹渐变】、【不透明度】为 25% 的【线性渐变色】。

③ 打开本章素材文件夹中的“花朵.jpg”文件，按比例宽度放大为 300 像素。去掉背景色，将花朵复制到新建文件中，水平翻转，按样张排放。

④ 对花朵调整色相和饱和度，设置选项【色相】为 330，【饱和度】为 60，【明度】为 +35。调整【色阶】为 100、0.8、230，图层的【混合模式】为【颜色】，图层的【样式】为【斜面和浮雕】、【外发光】和【内发光】。

⑤ 使用【横排文字工具】输入文字“FLOWER”，文字的格式为 Blackoad std、红色，第一个字符的大小为 36 点，其余的为 18 点。为文字添加【投影】、【内阴影】和【外发光】的图层样式，按样张排放。

⑥ 打开本章素材文件夹中的“蝴蝶.jpg”文件，去掉背景色，将花朵复制到新建文件中，旋转角度，添加【斜面和浮雕】图层样式，按样张排放。

操作提示：

为图层添加样式的操作，选择【图层】|【图层样式】|【混合选项】命令，在对话框中分别选中【斜面和浮雕】、【外发光】和【内发光】样式。

(7) 打开本章素材文件夹中的“农庄.jpg”文件，按下列要求对图片进行编辑，操作结果以“农庄.psd”为文件名保存在本章结果文件夹中，效果如图6-41所示。

① 去除图片上原有的文字。使用【横排文字工具】输入文字“在那桃花盛开的地方”，文字的格式为隶书、48点、白色，分两行排放。向下合并图层。

② 使用【矩形选框工具】并添加【斜面和浮雕】的图层样式制作图片的立体边框。此图层放在最上面。

③ 复制【背景】图层，调整图像渐变映射，设置选项为蓝色、红色、黄色彩色渐变样式，并将图层样式的【混合模式】设置为【线性加深】。

④ 再次复制【背景】图层，调整图像渐变映射，设置选项为【七彩色谱彩色渐变】样式，并将图层样式的【混合模式】设置为【浅色】。将本图层放在【背景副本】图层的上方，添加图层蒙版，使用白到黑径向渐变编辑图片。

操作提示：

图层样式的混合模式设置的操作，选择【图层】|【图层样式】|【混合选项】命令。添加图层蒙版的操作，选中需添加图层蒙版的图层，单击图层面板下方的【添加图层蒙版】命令按钮。为图层蒙版添加【白到黑径向渐变色】的操作，先将【前景色】设置为白色，【背景色】设置为黑色，然后选择【渐变工具】，在选项栏中颜色选择【从前景色到背景色渐变】、样式选择【径向渐变】，由图像的中心向右下角拖曳。

(8) 打开本章素材文件夹中的“桃花流水.jpg”文件，按下列要求对图片进行编辑，操作结果以“桃花流水.psd”为文件名保存在本章结果文件夹中，效果如图6-42所示。

图6-41　样张7

图6-42　样张8

① 复制背景图，将背景图副本去色，使用【多边形套索工具】选择人物，并将人物选区的色阶调整为20、1.5、236。对背景图副本添加【高斯模糊】滤镜效果，半径为2.0；添加【喷溅】滤镜效果，【喷溅半径】为3，【平滑度】为4。隐藏背景图副本。

② 使用【多边形套索工具】选择树叶，对树叶选区羽化10像素，复制选区。将复制选区的图层移到背景图副本的上面，添加混合选项，【混合模式】为【颜色】，【不透明度】为50%。

③ 使用【多边形套索工具】选择桃花，对桃花选区羽化10像素，复制选区。将复制选区的图层移到背景图副本的上面，添加混合选项，【混合模式】为【颜色】，【不透明度】

为 70%。

④ 使用【多边形套索工具】选择白鹭，复制选区。将复制选区的图层移到背景图副本的上面。

⑤ 使用【直排文字工具】输入文字“西塞山前白鹭飞，桃花流水鳜鱼肥”。文字格式为方正舒体、30 点、黑色，段落间距为－10 点。输入日期，文字格式相同，大小为 18 点。

⑥ 制作印章。新建文件，设置文件的【宽度】为 200 像素，【高度】为 200 像素，【颜色模式】为 RGB，【背景内容】为白色。将【前景色】设置为红色，按 Alt＋Delete 键，将图片填充为红色。使用【矩形选框工具】创建选区，并对选区羽化 5 个像素，删除选区中的内容。选择反向，对选区添加【晶格化】滤镜效果，【单元格大小】设置为 15。使用【直排文字工具】输入文字，内容自定、文字格式为隶书、白色、72 点，行距为 80 点，将操作结果保存为“印章.jpg”文件。操作结果如样张 8 右图所示。

⑦ 将印章复制到图片 1，缩小按样张 8 左图排放。

操作提示：

添加高斯模糊滤镜效果的操作，选择【滤镜】|【模糊】|【高斯模糊】命令。为图层添加混合选项的操作，选择【图层】|【图层样式】|【混合选项】命令，在【图层样式】对话框中设置图层的【混合模式】和【不透明度】。为选区添加【晶格化】滤镜效果，选择【滤镜】|【像素化】|【晶格化】命令。

(9) 打开本章素材文件夹中的“猫.jpg”文件，参考例 6.1 制作波普风格插画的方法，制作一张猫主题的波普插图。制作效果如图 6-43 所示。

图 6-43　样张 9

(10) 找一张女孩的生活照片，参考例 6.2 制作微笑女孩的方法，修整人物的皮肤色彩，牙齿和嘴唇。

6.4　课外练习与思考

1. 选择题

(1) 下列常用来做色彩校正的是(　　)。

A. 层次调整　　B. 色阶　　C. 阈值　　D. 色彩平衡

(2) 下面对色彩平衡描述正确的是(　　)。

A. 只能调整 RGB 模式的图像　　B. 不能调节灰度图

C. 只能调整 CMYK 模式的图像　　D. 以上都不对

(3) 下面对色阶描述正确的是(　　)。

A. 【色阶】命令不能将白色变为黑色

B. 【色阶】命令不能产生图像的反相效果

C. 【色阶】命令中的自动按钮相当于【自动色阶】命令

D. 【色阶】命令的快捷键是 L

(4) 【图像】|【调整】|【曲线】命令的对话框中 X 轴和 Y 轴分别代表的是(　　)。

A. 输入值、输出值　　B. 输出值、输入值

C. 高光、暗调　　D. 暗调、高光

(5) 【涂抹工具】不能在下列(　　)色彩模式下使用。

A. 双色调　　B. 灰度　　C. 位图　　D. 多通道

(6) 下面对减淡、加深和海绵工具的描述不正确的是(　　)。

A. 它们属于同一组工具

B. 在它们之间可以按 Shift+O 键切换

C. 这 3 个工具作用相同,其工具选项栏中的设定项也完全相同

D. 【海绵工具】用于改变色彩的饱和度

(7) 应用【涂抹工具】时按 Alt 键结果会(　　)。

A. 【涂抹工具】会水平方向移动　　B. 【涂抹工具】会垂直方向移动

C. 【涂抹工具】会以 45 的倍数移动　　D. 没有任何影响

(8) HSB 模式里 H、S、B 分别代表(　　)。

A. 色相、饱和度、亮度　　B. 色相、亮度、饱和度

C. 饱和度、色相、亮度　　D. 亮度、饱和度、色相

(9) 实现灰度图像着色功能的命令是(　　)。

A. 亮度/对比度　　B. 色相/饱和度

C. 色彩平衡　　D. 色相/对比度

2. 填空题

(1) ________工具可以在图像区域中进行颜色采样,并用采样颜色重新定义前景色或背景色。

(2) 有 3 个通道的图像颜色模式有________和________,有 4 个通道的图像颜色模式有________。

(3) 色阶调整可以通过调整图像的明暗关系来改变________和色彩平衡的关系。

(4) 【色相/饱和度】命令是调整和改变图像像素的________、________和________的命令。

(5) 【阈值】命令是将灰度图像或彩色图像转变为高对比度的________图像。

(6) 【匹配颜色】命令只可以在________模式下使用。

3. 思考题

(1) 多次使用色阶是否会令图片丢失大量颜色细节?

(2) 什么是 RGB 色彩? 它与 CMYK 有什么区别?

(3) 色相保护度和亮度对比度的差别是什么?

(4) 如何将一张彩色图片变成黑白图? 有几种方法?

第7章 图层及其应用

7.1 实验目的

(1) 掌握图层的创建、复制和删除的基本操作。

(2) 掌握图层样式及其编辑方式和图层透明度的应用。

7.2 典型范例分析与解答

例 7.1 制作如图 7-1 所示的图像“叶子与露珠”。

图 7-1 “叶子与露珠”的样张

制作要求：

(1) 将本章素材文件夹中的图像文件“leaf.jpg”打开，如图 7-1 所示添加水滴状效果。

(2) 对水滴状效果所在的图层添加【投影】、【内阴影】、【内发光】、【斜面和浮雕】效果等图层样式，并利用【球面化】滤镜处理水滴的效果，使其更加逼真。

(3) 在图像上的矩形添加渐变色底色，并添加文字“叶子与露珠”，设置文字黄绿色外发光效果。

(4) 完成制作后，将图像以“叶子与露珠.psd”为文件名保存在本章结果文件夹中。

制作分析：

本例主要为选区与图层的操作，可以按照下面的分析依次操作。

(1) 使用【套索工具】在图像文件“leaf.jpg”的树叶上画出几个水滴状的不规则状选区，将选区粘贴在【图层 1】上。

(2) 选择【图层 1】，添加【投影】、【内阴影】、【内发光】、【斜面和浮雕】等效果的图层样式。

(3) 载入水滴选区，选择【球面化】滤镜，将选区扭曲。

(4) 新建【图层 2】，使用【矩形选框工具】在画面下方建立矩形选区，使用【渐变工具】填充选区。

(5) 选择【文字工具】，在前面填充的矩形选框上添加文字“叶子与露珠”。设置文字的图层样式，添加黄绿色外发光效果。

本例的难点：

(1) 使用【套索工具】建立水滴选区时，应该尽量画出接近水滴的形状，使得之后的图层样式能更接近水滴的效果。

(2) 在建立水滴的图层样式时，【斜面和浮雕】效果应设置使得水滴高光的区域位于水滴中间靠左侧，这样可以与树叶原有的水滴的高光保持一致，使得画面光线看上去更协调。

操作步骤：

(1) 将本章素材文件夹中的素材图“leaf.jpg”文件打开。

(2) 在工具箱中选择【套索工具】，在工具选项栏中单击【添加到选区】按钮，在树叶上画出几个水滴不规则状选区，如图 7-2(a)所示。

(3) 选择【编辑】|【拷贝】命令，再选择【编辑】|【粘贴】命令，将选区粘贴在图层 1 上。

(a) 添加水滴状选区

(b) 设置图层样式后的效果

图 7-2　几个水滴状选区的样式设置

(4) 选中【图层 1】，选择【图层】|【图层样式】|【投影】命令，并设置【内阴影】、【内发光】、【斜面和浮雕】等样式，参数如图 7-3 和图 7-4 所示。添加图层样式后的水滴效果如图 7-2(b)所示。

(5) 选择【选择】|【载入选区】命令，载入如图 7-5(a)所示的水滴选区。选择【滤镜】|【扭曲】|【球面化】命令，如图 7-5(b)所示将选区扭曲。

(6) 选择【图层】|【新建】|【图层】命令，建立【图层 2】，在工具箱中选择【矩形选框工具】，在画面下方建立矩形选区，如图 7-6 所示。

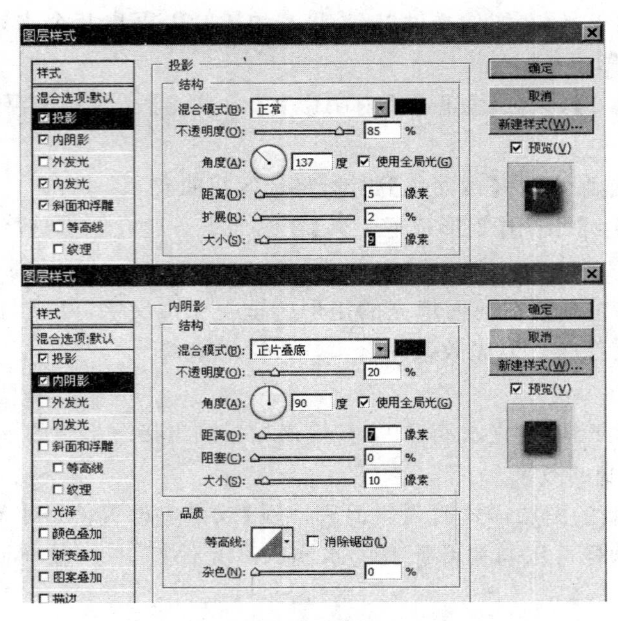

图 7-3　添加【投影】、【内阴影】样式

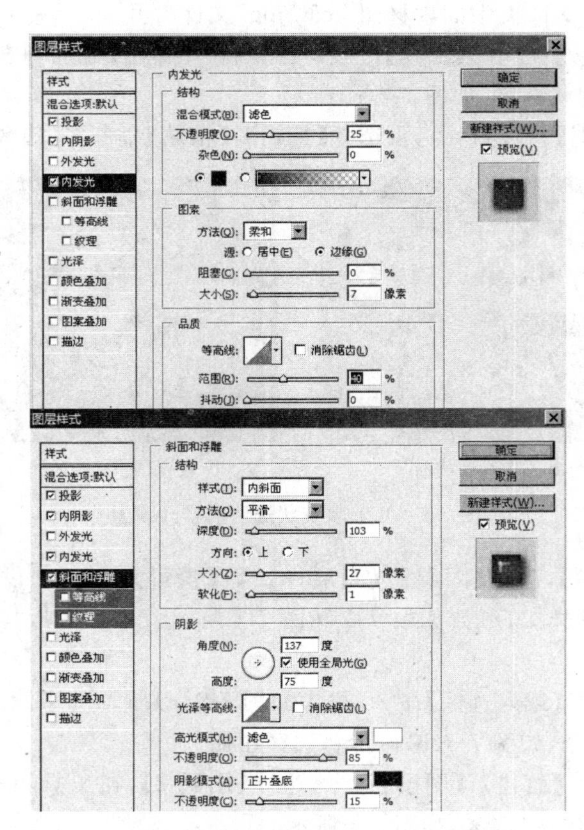

图 7-4　添加【内发光】、【斜面和浮雕】样式

(a) 载入选区示意图

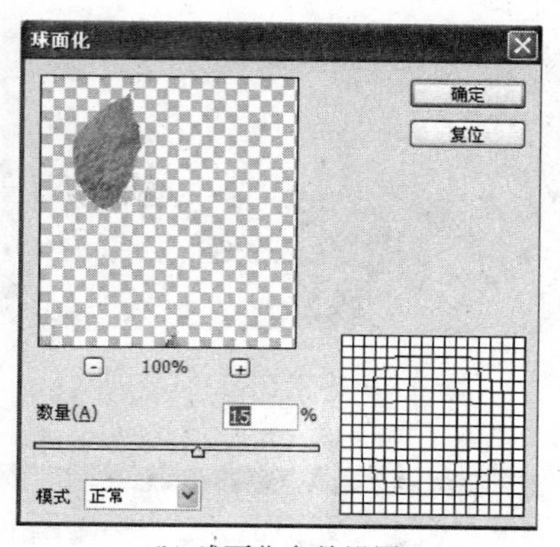

(b) 球面化参数设置

图 7-5　对水滴选区设置球面化扭曲滤镜

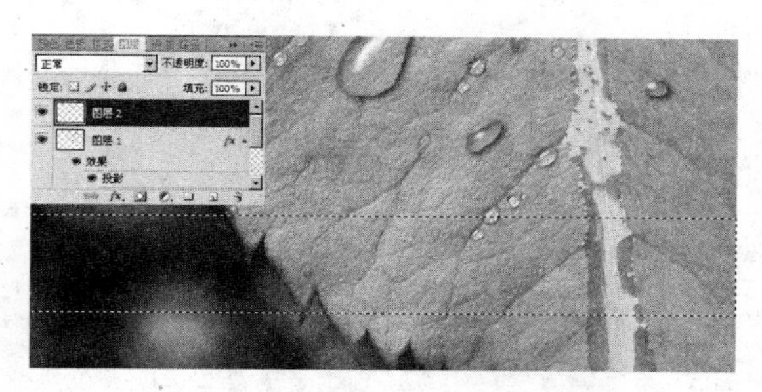

图 7-6　新建【图层 2】建立矩形选区

(7) 在工具箱中选择【渐变工具】,并在工具选项栏中设置从【绿色到黑色到透明】选项,如图 7-7 所示。并使用【渐变工具】填充选区,如图 7-8 所示。

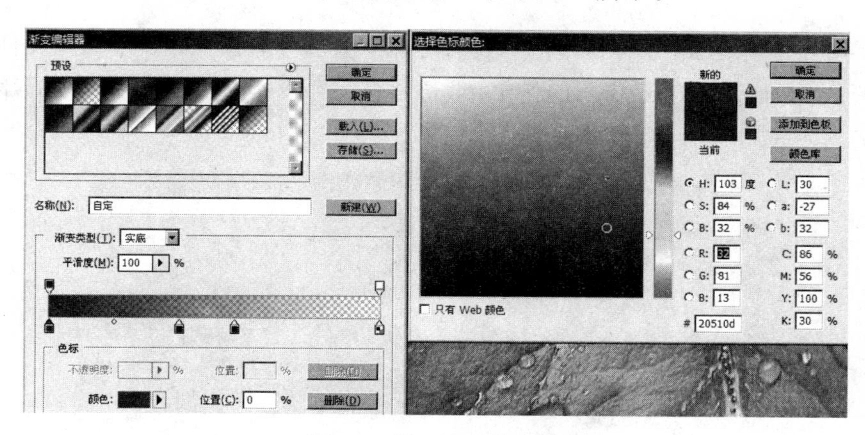

图 7-7　设置渐变值参数

(8) 在工具栏中选择【文字工具】,设置工具栏选项如图 7-9 所示。在填充的矩形选框上添加文字"叶子与露珠",如图 7-9 所示。

(9) 选择【图层】|【图层样式】|【外发光】命令,设置文字的外发光图层样式。将发光颜色设为黄绿色,参数设置如图 7-10 所示。

图 7-8　填充该选区

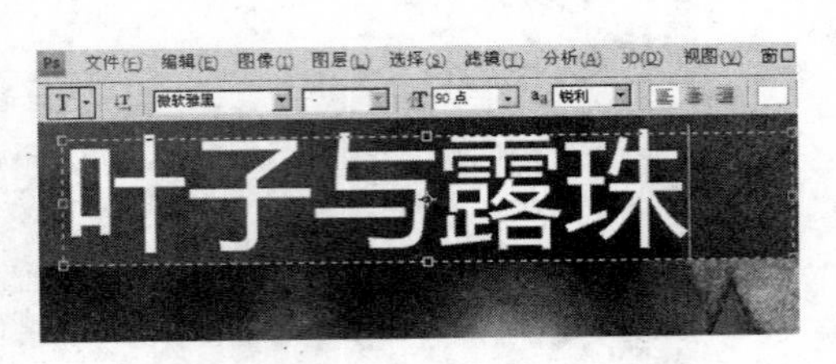

图 7-9　设置【文字工具】选择栏参数和输入文字

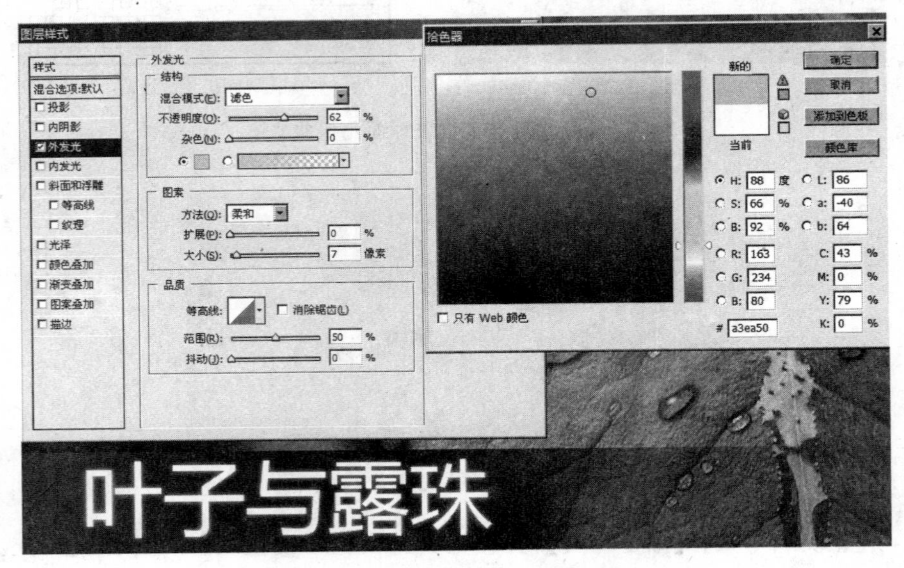

图 7-10　设置文字图层样式外发光效果

（10）完成制作后，将文件以“叶子与露珠.psd”为文件名保存在本章结果文件夹中。

例 7.2　按照如图 7-11 所示的样张，修复卡通人物图片，并另存文件名为“卡通男孩.psd”。

(a) 原始素材文件

(b) 修复后的图像文件

图 7-11　修复前、后卡通男孩的示意图

制作要求：

（1）打开本章素材文件夹中“boy.jpg”文件，按照如图 7-11 所示将图像的色阶适当调整，使得对比更强烈。

(2) 按照如图 7-11 所示利用多种选择工具和图层知识，修复素材图像文件。

(3) 完成制作后，将图片以“卡通男孩. psd”为文件名保存在本章结果文件夹中。

制作分析：

本例主要为选区与图层的操作，可以按照下面的分析依次操作。

(1) 使用【魔棒工具】选择篮球板上白色的区域，并将篮球和文字的白色部分都添加到选区。使用【套索工具】添加男孩、篮球、文字到选区中，将所选的区域复制到【图层 1】。

(2) 选择【背景】图层，使用【吸管工具】，在【背景】图层上吸取【前景色】为浅蓝色，【背景色】为深蓝色，新建【图层 2】，使用【多边形套索工具】，在【图层 2】上建立放射状选区。使用前景色填充该选区。

(3) 新建【图层 3】，使用背景色填充全部。选择【图层 1】，使用【多边形套索工具】，再选择【图层 1】中右上角的白色区域，将该区域删除。

(4) 再使用【多边形套索工具】，选择两个男孩中间的白色多余区域，并按 Delete 键将多余的白色区域删除。使用【魔棒工具】选择两个男孩中间的白色篮筐内部的蓝色区域，多次添加，再用【多边形套索工具】添加蓝色部分未选择到的选区，并使用背景色填充。

(5) 再使用【多边形套索工具】，选取两个男孩中间篮筐缺失的白色部分，并以白色填充。

(6) 将【图层 1】的图层样式设为【阴影】和【外发光】。

本例的难点：

本例的难点在于：在不同图层下，多种选择工具的使用。

在制作卡通男孩的时候，必须要注意图层的前后层的关系，将放射状的图层和蓝色底图，放置于两个男孩图层的后面。在建立选区修复图片的时候，要尽可能地与原图保持一致，选择合适的区域。

操作步骤：

(1) 打开本章中“boy. jpg”文件，选择【文件】|【另存为】命令，以“卡通男孩. psd”为文件名将文件保存在本章结果文件夹中。选择【图像】|【调整】|【色阶】命令，将图像的色阶适当调整，使得对比更强烈，如图 7-12 所示。

(2) 在工具箱中选择【魔棒工具】，在工具选项栏中选择【添加到选区】，【容差值】为 30。选择篮球板上白色的区域，并将篮球和文字的白色部分都添加到选区，如图 7-13 所

图 7-12　调整画面色阶

图 7-13　选择白色区域

示。在工具箱中选择【套索工具】，在工具选项栏中设置【添加到选区】，添加男孩、篮球、文字到选区。选择【编辑】|【拷贝】命令，再选择【编辑】|【粘贴】命令，将所选的区域复制到【图层 1】，如图 7-14 所示。

(3) 选择【背景】图层，在工具箱中选择【吸管工具】，在【背景】图层上吸取【前景色】为浅蓝色，【背景色】为深蓝色，在【背景】图层上新建【图层 2】，在工具箱中选择【多边形套索工具】，在【图层 2】上建立放射状选区，如图 7-15 和图 7-16 所示。选择【编辑】|【填充】命令，选择使用前景色填充选区，如图 7-17 所示。

图 7-14　添加对象到白色区域

图 7-15　建立放射状选区

图 7-16　建立放射状选区细节

图 7-17　填充选区

(4) 在【背景】图层上新建【图层 3】，选择【选择】|【全部】命令，再选择【编辑】|【填充】命令，选择使用背景色填充选区，如图 7-18 所示。选择【图层 1】，在工具箱中选择【多边形套索工具】，再选择【图层 1】中右上角的白色区域，如图 7-19 所示，并按 Delete 键将多余的白色区域删除。

图 7-18　背景色填充选区

图 7-19　选择右上角白色区域

(5) 再使用【多边形套索工具】，选择两个男孩中间的白色多余区域，如图 7-20 所示，并按 Delete 键将多余的白色区域删除。在工具箱中选择【魔棒工具】，在工具选项栏中选择添加到选区，选择两个男孩中间的白色篮筐内部的蓝色区域，多次添加，再在工具箱中选择【多边形套索工具】，再添加蓝色部分未选择到的选区，如图 7-21 所示，并使用背景色填充，如图 7-22 所示。

图 7-20　选择中间多余的白色区域

图 7-21　添加选区

图 7-22　填充该选区

(6) 再使用【多边形套索工具】，建立选区，选取两个男孩中间篮筐缺失的白色部分，如图 7-23 所示，并选择【编辑】|【填充】命令，选择颜色，以白色填充，如图 7-24 所示。

图 7-23　建立选区

图 7-24　以白色填充选区

(7) 将【图层 1】的图层样式设为【阴影】和【外发光】，参数如图 7-25 和图 7-26 所示。

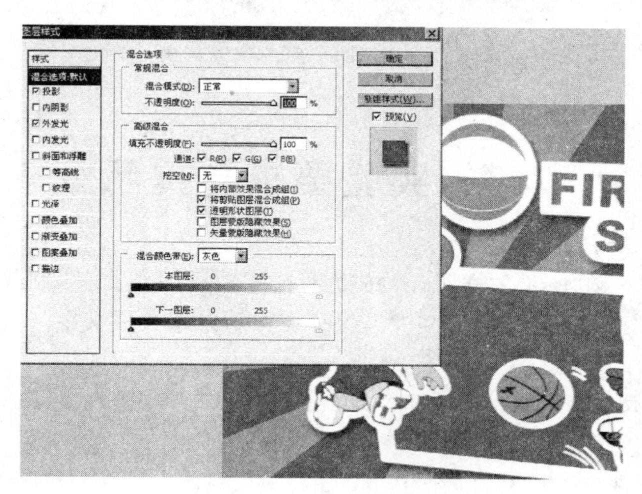

图 7-25　图层样式设为阴影

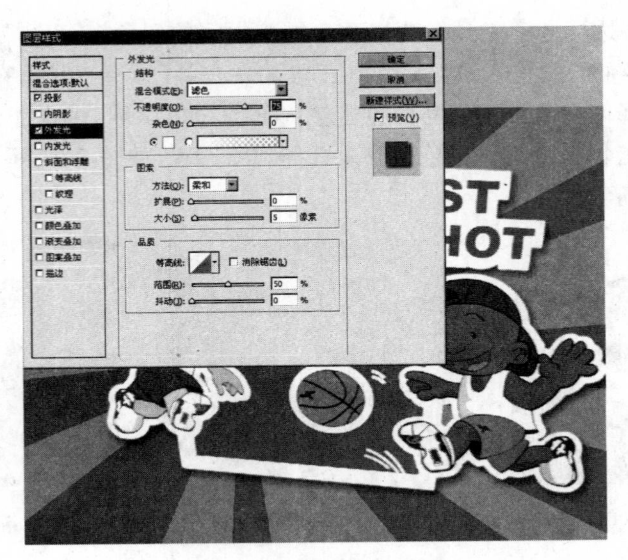

图 7-26　图层样式设为外发光

(8) 完成制作后效果如图 7-27 所示，将图像以“卡通男孩. psd”为文件名保存在本章结果文件夹中。

图 7-27　“卡通男孩”修复完成稿

7.3　实验要求与提示

(1) 参考如图 7-28 所示的样张，并按提示打开素材图像文件，制作如样张所示的设计图，操作结果以“Balance. psd”为文件名保存在本章结果文件夹中。

操作提示：

① 分别打开本章素材文件夹中的“Balance-1. jpg”、“Balance-2. tif”、“Balance-3. jpg”和“Balance-4. tif”图像文件。

② 使用【矩形选框工具】分别在“Balance-2. tif”、“Balance-3. jpg”和“Balance-4. tif”中整个画布上建立矩形选框。

③ 在“Balance-2. tif”、“Balance-3. jpg”和“Balance-4. tif”中，双击取消【背景】图层锁定。使用【移动工具】分别将选取的图片移动到“Balance-1. jpg”文件中合适的位置。

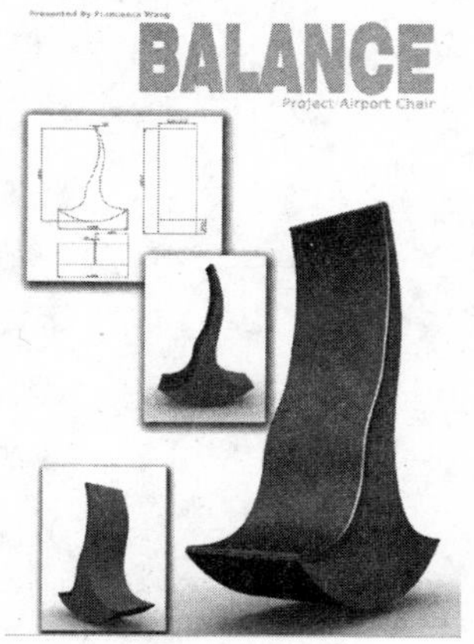

图 7-28　文件 Balance 的样张

④ 选择【编辑】|【自由变换】命令，把图片缩放到合适的大小。右击该图层，选择快捷菜单中【混合选项】命令，在图层样式中选中【投影】、【内投影】，参数设置如图 7-29 所示。

⑤ 新建 3 个图层，使用【横排文字工具】，分别输入“BALANCE”，“Presented by Francesca Wang”和“Project Airport Chair”字样。设置文字颜色为 # 32bce1，并设置 BALANCE 的字体为 Swis721 BlkEx BT，大小为 174 点。设置 Presented by Francesca Wang 的字体为 Verdana，大小为 13 点。设置 Project Airport Chair 字体为 Verdana，大小为 24 点。根据样张将文字移动到合适位置。

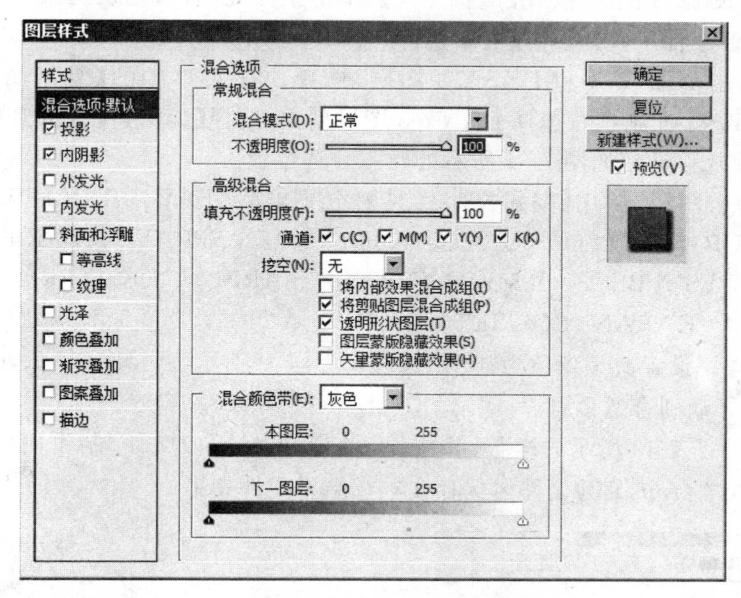

图 7-29　【图层样式】对话框

（2）参考如图 7-30 所示的样张，并按提示打开素材图像文件，制作如图 7-30 所示的香水包装设计平面图，操作结果以“DKNY. psd”为文件名保存在本章结果文件夹中。

操作提示：

① 分别打开本章素材文件夹中的“DKNY-1. png”、“DKNY-2. png”、“DKNY-3. png”、“DKNY-4. png”和“DKNY-5. png”图像文件。

② 使用【移动工具】在“DKNY-2. png”、“DKNY-3. png”、“DKNY-4. png”和“DKNY-5. png”中，将图片移动到“DKNY-1. png”文件中合适的位置。分别右击各图层，在快捷菜单中选择【图层属性】，分别设置各文件名为图层名称。选择【编辑】|【自由变换】命令，把图片缩放到合适的大小。

图 7-30　文件 DKNY 的样张

③ 单击 DKNY-5 图层，使用【魔棒工具】，单击空白处，右击在快捷菜单中选择【选择反向】。使用【油漆桶工具】，设置【前景色】为 # ffffff，单击选区。

④ 分别右击 DKNY-3 和 DKNY-5 图层，选择快捷菜单中的【复制图层】，保存为 DKNY-3 和 DKNY-5 副本。选择 DKNY-3 图层副本，选择【编辑】|【自由变换】|【水平翻转】命令。将图片移动到如图 7-31 所示的样张合适位置。

⑤ 新建两个图层，使用【横排文字工具】，分别输入"EAU DE PARFUM SPRAY/VAPORISATEUR 3.4 FL. OZ./OZ. LIQ/100ML"和"EN SPRAY / BORRIFO DKNY BE DELICIOUS FRESH BLOSSOM FRAGRANCE PARFUM DKNYFRANGRANCES. COM DONNA KARAN COSMETICS NEW YORK, N. Y. 10022 MADE IN FRANCE"字样。设置文字颜色为 # ffffff，格式为居中，字体为 Miriam，大小为 6 点。根据样张将文字移动到合适位置。

(3) 参考如图 7-32 所示的样张，并按提示打开素材图像文件，制作如样张所示的图片，操作结果以"Car. psd"为文件名保存在本章结果文件夹中。

图 7-31　编辑图像 DKNY 的示意图

图 7-32　文件 Car 的样张

操作提示：

① 分别打开本章素材文件夹中的"Car-1. jpg"和"Car-2. jpg"图像文件。

② 在"Car-1. jpg"中，根据图 7-33 所示，使用【钢笔工具】描出路径，保存工作路径为

"路径 1"。右击该路径,选择快捷菜单中【建立选区】命令,参数设置如图 7-33 所示。

使用【矩形选框工具】,右击选区,选择快捷菜单中的【通过拷贝的图层】。设置该图层名称为"Car-3"。

③ 在"Car-2.jpg"中,使用【钢笔工具】描出汽车的路径,保存工作路径为"路径 2"。右击该路径,选择快捷菜单中【建立选区】。使用【移动工具】将选取的图片移动到"Car-2.jpg"文件中合适的位置,如图 7-32 所示。选择【编辑】|【变化】|【斜切】命令,将选取的图片调整到合适的形状,设置该图层名称为"Car-2"。

④ 将图层 Car-3 移动到 Car-2 之上。

(4) 参考如图 7-34 所示的样张,并按提示打开素材图像文件,制作如样张所示的图片,操作结果以"Rose.psd"为文件名保存在本章结果文件夹中。

图 7-33　建立选区示意图

图 7-34　文件 Rose 的样张

操作提示:

① 分别打开本章素材文件夹中的"Rose-1.jpg"和"Rose-2.jpg"图像文件。

② 在"Rose-1.jpg"中,使用【钢笔工具】描出玫瑰花的路径,保存工作路径为"路径 1"。右击该路径,选择快捷菜单中【建立选区】。使用【移动工具】将选区的图片移动到"Rose-2.jpg"中。设置该图层名称为"Rose-1"。

③ 在"Rose-2.jpg"中,设置【背景】图层名称为"Rose-2"。如图 7-35 和图 7-36 所示,

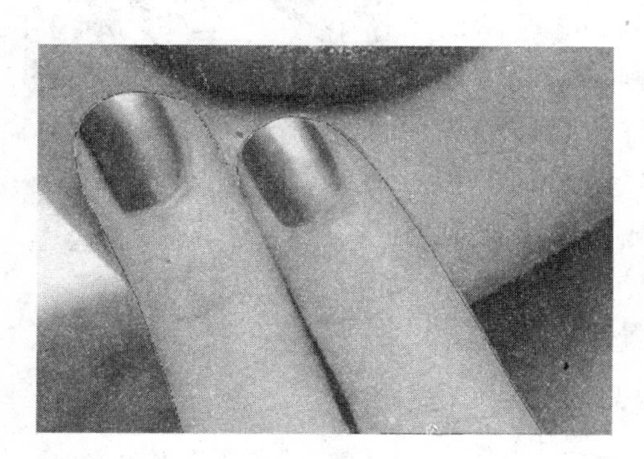

图 7-35　描出手指的路径

图 7-36　描出头发的路径

使用【钢笔工具】分别描出手指和头发的路径，保存工作路径为“路径 1”和“路径 2”。使用【矩形选框工具】，右击选区，选择快捷菜单中的【通过拷贝的图层】。分别设置图层名称为“Rose-3”和“Rose-4”。

④ 在“Rose-2. jpg”中，右击图层 Rose-1，在快捷菜单中选择【复制图层】。复制 7 个图层，分别设置图层名称为“Rose-1 副本 1”、“Rose-1 副本 2”、“Rose-1 副本 3”、“Rose-1 副本 4”、“Rose-1 副本 5”、“Rose-1 副本 6”、“Rose-1 副本 7”。如图 7-37 所示，使用【移动工具】将图片移动到合适的位置。选择【编辑】|【自由变换】命令，分别把图片缩放到合适的大小。

⑤ 如图 7-38 所示，移动图层 Rose-3 和 Rose-4 的排列顺序至最顶端，移动图层 Rose-2 的排列顺序至最末端。

图 7-37　复制玫瑰花示意图

图 7-38　调整 Rose 图层

(5) 参考如图 7-39 所示的样张，并按提示打开素材图像文件，制作如样张所示的广告招贴画，操作结果以“Lemon. psd”为文件名保存在本章结果文件夹中。

操作提示：

① 新建文件，【名称】为“Lemon”，【预设】为国际标准纸张，【大小】为 A3，【分辨率】为 300 像素/英尺，【颜色模式】为 RGB 颜色 16 位。

② 分别打开本章素材文件夹中的“Lemon-1. png”、“Lemon-2”和“Lemon-3. png”图像文件。如图 7-39 所示的样张，使用【移动工具】在“Lemon-1. png”、“Lemon-2”和“Lemon-3”中，将图片移动到“Lemon. psd”文件中合适的位置，并分别设置图层名称为“Lemon-1”、“Lemon-2”和“Lemon-3”。选择【编辑】|【自由变换】命令，把图片缩放到合适的大小。

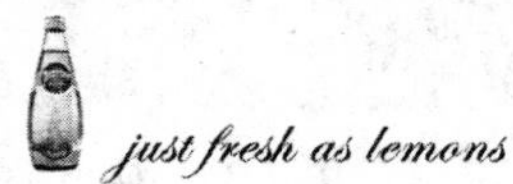

图 7-39　Lemon 文件的样张

③ 在“Lemon. psd”文件中，双击取消【背景】图层锁定，并删除该图层。新建图层，设置图层名称为“Lemon”，并将该图层排列顺序置于最底层。单击图层 Lemon，使用【渐变工具】，颜色分别设置为 # cafb02 和 # ffffff，由上至下拖曳。渐变颜色的编辑如图 7-40 和图 7-41 所示。

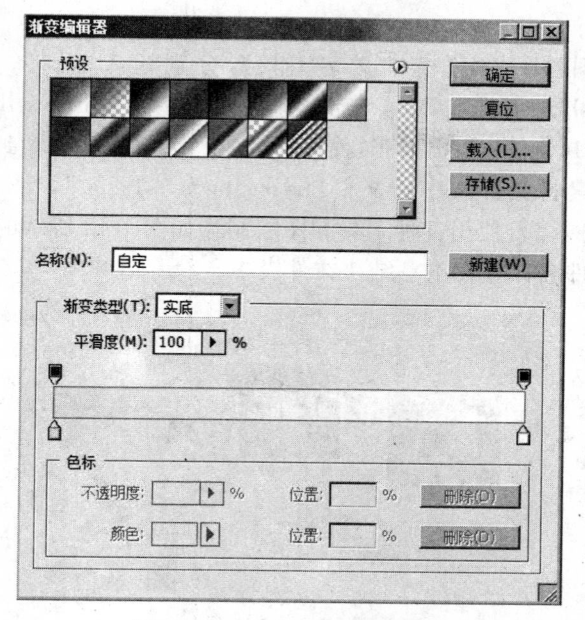

图 7-40 “渐变编辑器”对话框

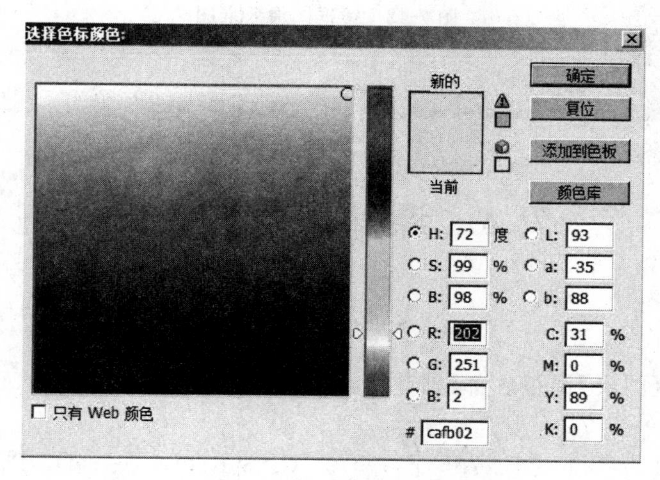

图 7-41 “选择色标颜色”对话框

④ 右击图层 Lemon-1，在快捷菜单中选择【复制图层】。复制 4 个图层，分别设置图层名称为“Lemon-1 副本 1”、“Lemon-1 副本 2”、“Lemon-1 副本 3”和“Lemon-1 副本 4”。使用【移动工具】将图片移动到合适的位置。选择【编辑】|【自由变换】命令，把图片缩放到合适的大小。

⑤ 右击图层 Lemon-2，在快捷菜单中选择【复制图层】，设置该图层名称为“Lemon-2 副本”。单击图层【Lemon-2 副本】，复制 5 个图层，分别设置图层名称为“Lemon-2 副本 1”、“Lemon-2 副本 2”、“Lemon-2 副本 3”、“Lemon-2 副本 4”和“Lemon-2 副本 5”。选择【编辑】|【变换】|【变形】命令，如样张所示，调整到合适的形状，使用【移动工具】将图片移

动到合适的位置。

⑥ 新建两个图层，使用【横排文字工具】，分别输入“100% mineral water from France”和“just fresh as lemons”。颜色为#000000，字体为Edwardian Script ITC，大小分别为76.22点和100点。根据样张，使用【移动工具】将文字移动到合适的位置。

(6) 打开本章素材文件夹中的文件“back.jpg”，“a1.jpg”，“a2.jpg”，“a3.jpg”，“a4.jpg”，“a5.jpg”文件，综合使用各种工具和图层制作如图7-42所示的镜框图像效果，结果用“名画.psd”为文件名保存在本章结果文件夹中。

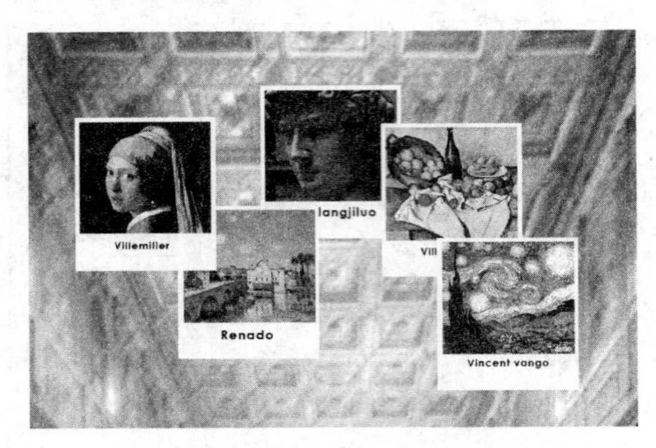

图7-42 镜框图像效果图

操作提示：

请参照例7.2。

7.4 课外思考与练习

1. 选择题

(1) 在单击【图层】调板底部【新建图层】按钮的同时按下哪个键，可以弹出【新建图层】对话框？(　　)

A. Ctrl　　B. Alt　　C. Shift　　D. Tab

(2) 下面哪种类型的图层可以将图层中的对象对齐和分布？(　　)

A. 链接图层　　B. 调整图层　　C. 填充图层　　D. 背景图层

(3) 要使某图层与其下面的图层合并可按什么快捷键？(　　)

A. Ctrl+K　　B. Ctrl+D　　C. Ctrl+E　　D. Ctrl+J

(4) 当要对文字图层执行滤镜处理时，首先应当做什么？(　　)

A. 将文字图层和背景层合并

B. 将文字图层栅格化

C. 确认文字层和其他图层没有链接

D. 用文字工具将文字变成选取状态，然后在滤镜菜单下选择一个滤镜命令

(5) 以下哪种方法不能为图层添加图层蒙版？(　　)

A. 在【图层】调板中，单击【添加图层蒙版】按钮

B. 选择【图层】|【图层蒙版】|【隐藏全部】命令

C. 选择【图层】|【图层蒙版】|【显示全部】命令

D. 选择【图层】|【添加图层蒙版】命令

(6) 以下对调整图层描述错误的是哪项？(　　)

A. 调整图层可以调整不透明度　　B. 调整图层可以添加图层蒙版

C. 调整图层不能调整图层的混合模式　D. 调整图层可以与选中的图层编组

(7) 下面哪项选择是调整图层所不具有的？(　　)

A. 调整图层是用来对图像进行色彩编辑，并不影响图像本身，但不可以将其删除

B. 调整图层除了具有调整色彩的功能之外，还可以通过调整不透明度，选择不同的图层混合模式以及修改图层蒙版来达到特殊的效果

C. 调整图层能与其他图层编组

D. 选择【图像】|【调整】命令下的其他色彩调整命令，都可以生成一个新的调整图层

(8) 对于一个已经添加图层蒙版的图层，该图层蒙版已做过处理，如果再次单击【添加蒙版】按钮，则下列哪个选项是正确操作的结果？(　　)

A. 图像无任何变化　　B. 图层增加一个图层剪贴路径蒙版

C. 复制前一蒙版　　D. 删除蒙版

2. 填空题

(1)【背景】图层是位于所有图层的最下方，是不透明的图层。【背景】图层________随意移动和改变图层叠加的次序，________色彩模式和不透明度。

(2) 选择【图层】|【新建】命令，也可以按 Ctrl+________+N 快捷键，或直接单击【图层】调板下方【新建图层】按钮，即可创建普通图层。

(3) 在图层的混合模式中，按住________键的同时，按“+”或“-”键可以快速地切换当前图层的混合模式。

(4) 图层可以运用多种图层样式来进行编辑和修改，这些图层样式都可以转换为普通图层，选择________命令，可以把当前图层的各种样式转换为普通的图层。

(5) 填充图层与普通图层具有相同颜色________，也可以进行图层的顺序调整、删除、复制、隐藏等常规操作，是一种比较特殊的类似带有________效果的图层。

(6) 创建新的填充图层有________、________、________ 3 种类型。

(7) 调整图层也是一种比较特殊的图层。可以用来调整图层的________，但不改变图像本身的颜色，这样________设置可以灵活地进行反复修改。

(8) 在编辑一个多图层、效果较为复杂的图像时，可以将其中某个要编辑的图层创建为智能对象。编辑智能对象的内容时会打开一个________的编辑窗口，此编辑窗口中的内容就是智能对象的源文件。

3. 思考题

(1) 打开【图层】面板的快捷键是什么？

(2) 什么是图层？图层的作用是什么？

(3) 图层样式和图层混合模式的区别是什么？

(4) 如何解除【背景】图层的锁定？

第8章 蒙版和通道

8.1 实验目的

(1) 掌握蒙版的使用方法,以及建立、删除蒙版的方法。

(2) 掌握通道的使用,学会从通道载入选区。

(3) 综合使用蒙版和通道制作图片效果。

8.2 典型范例分析与解答

例 8.1 制作橙色汽车广告宣传图,如图 8-1 所示。

图 8-1 橙色汽车的样张

制作要求:

(1) 将本章素材文件夹中的素材图像"car. tga"文件打开,在【通道】调板中选择【通道1】,并将通道作为选区载入,将选区复制到新图层中。

(2) 选择【背景】图层,将【前景色】设为白色,【背景色】设为黑色,使用【渐变工具】以渐变填充背景。打开素材文件夹中的"back. jpg"文件,将其复制到"car. tga"中。设置图层混合模式,并再使用【移动工具】,适当移动汽车图层的位置。

(3) 选择汽车所在的【图层 1】,调整汽车的色阶。选择【渐变工具】在蒙版上以线性渐变填充,将汽车尾部渐隐。

(4) 复制【图层 1】,再选择【动感模糊】滤镜,将【图层 1】的副本模糊。使用【橡皮擦工具】擦去车头灯等部分的区域。

(5) 使用【文字工具】在工具选项栏中设置字体、字体样式、字体大小,颜色为白色,输入文字"BurningCar",选择 B 和 C,如图 8-1 所示设置文字的字体大小。将文字栅格化,选择字母并移动到合适位置,设置文字图层样式为外发光。

(6) 新建【图层 3】,使用【矩形选框工具】,建立矩形选框,在工具箱中设置【前景色】为黑色,使用【渐变工具】填充该矩形选区。

(7) 打开本章素材文件夹中的"car1. tga"文件,使用同样方法,将通道载入选区,复制到当前正在编辑的文件中,并使用【移动工具】将图片移动到合适位置。

(8) 将汽车侧面的图片色阶适当调整,和主体汽车的颜色保持一致。

(9) 完成制作后,将图片以"橙色汽车. psd"为文件名保存在本章结果文件夹中。

制作分析:

本例题制作难点在于选区、通道与蒙版的操作。

操作步骤:

(1) 将本章素材文件夹中的素材图"car. tga"文件打开,如图 8-2 所示。在【通道】调板中选择 Alpha1,并将通道作为选区载入,如图 8-3 所示。选择 RGB 通道,并选择【编辑】|【拷贝】命令,再选择【图像】|【粘贴】命令,将选区复制到新图层中。

图 8-2 原始图像"car. tga"

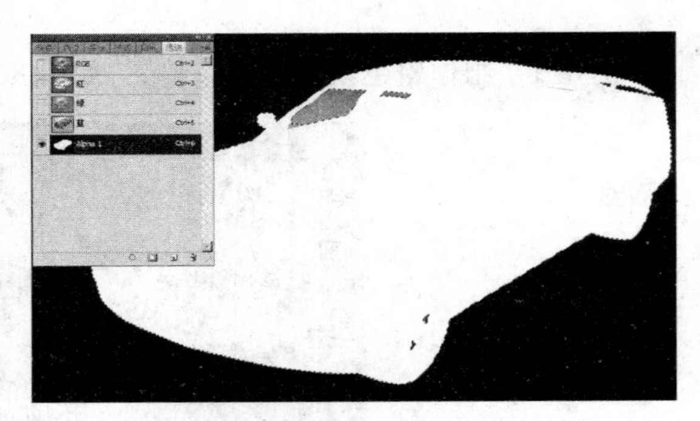

图 8-3 将通道作为选区载入

(2) 选择【背景】图层,将【前景色】设为白色,【背景色】设为黑色,在工具箱中选择【渐变工具】,在工具选项栏中,选择【从前景色到背景色】渐变的【角度渐变】,以渐变色填充背景,如图 8-4 所示。打开素材文件夹中的"back. jpg"文件,选择【选择】|【全部】命令,选择【编辑】|【拷贝】命令,再切换到"car. tga"中选择【编辑】|【粘贴】命令,将选区中的图片粘贴到背景上,如图 8-5 所示。设置图层【混合模式】为【正片叠底】,并在工具箱中选择【移动工具】,适当移动汽车图层的位置,如图 8-6 所示。

(3) 选择汽车所在的【图层 1】,选择【图像】|【调整】|【色阶】命令,调整汽车的色阶,参数如图 8-7 所示。选择【添加矢量蒙版】,在工具箱中选择【渐变工具】,在工具选项栏中设置【线性渐变】,在蒙版上以线性渐变填充,将汽车尾部渐隐,如图 8-8 所示。

(4) 选择【图层】|【复制图层】命令,将【图层 1】复制,再选择【滤镜】|【模糊】|【动感模糊】命令,将【图层 1】的副本模糊,如图 8-9 所示,参数如图 8-10 所示。在工具箱中选择

图 8-4　以角度渐变填充背景

图 8-5　粘贴该选区

图 8-6　设置图层混合模式

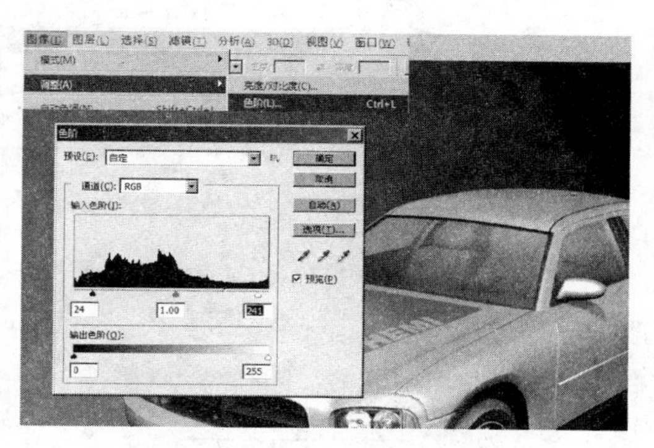

图 8-7　粘贴该选区

图 8-8　填充该蒙版

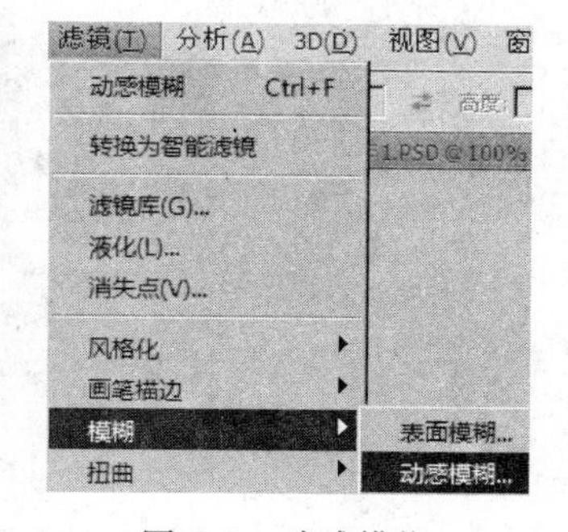

图 8-9　动感模糊

【橡皮擦工具】,擦去车头灯等部分的区域,如图 8-11 所示。选择【文件】|【储存为】命令,以“橙色汽车.psd”为文件名保存在本章结果文件夹中。

(5) 在工具箱中选择【文字工具】,在工具选项栏中设置字体、字体样式、字体大小、输入文字“BurningCar”,参数如图 8-12 所示,选择 B 和 C 字母设置字体大小为 180 点,ar 字体大小为 120 点,如图 8-13 所示。选择【图层】|【栅格化】|【文字】命令,将文字栅格化,在工具箱中选择【矩形选框工具】,选择字母并移动到合适位置,如图 8-14 所示。设置文字图层样式为【外发光】,参数如图 8-15 所示。

图 8-10　设置动感模糊参数

图 8-11　擦除部分车头和车身

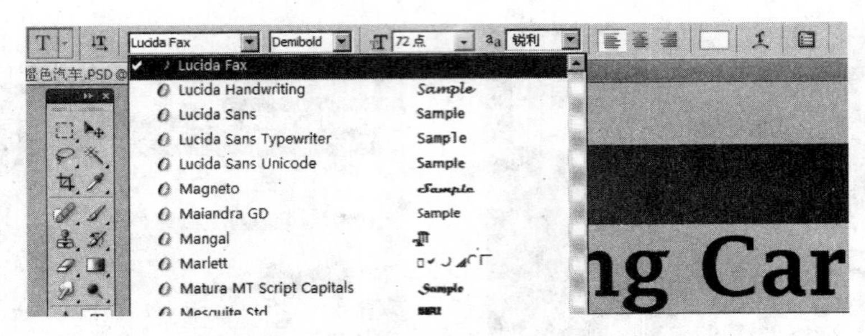

图 8-12　输入文字“BurningCar”

图 8-13　调整文字大小

图 8-14　调整文字位置

（6）选择【图层】|【新建】|【图层】命令，新建【图层 3】，在工具箱中选择【矩形选框工

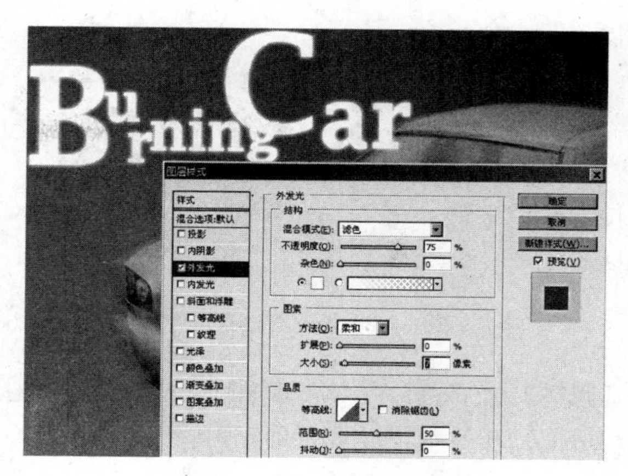

图 8-15　设置文字图层样式

具】，建立矩形选框，在工具箱中设置【前景色】为黑色，在工具箱中选择【渐变工具】，工具选项栏中选择【从前景色到透明渐变】，【模式】为【线性渐变】，填充该矩形选区，如图 8-16 所示。

图 8-16　线性渐变填充矩形选区

(7) 在工具箱中选择【文字工具】，在工具选项栏中设置字体、字体样式、字体大小、颜色为白色，输入“www. heimen. com. cn phone：800-430-8653”。参数如图 8-17 所示。

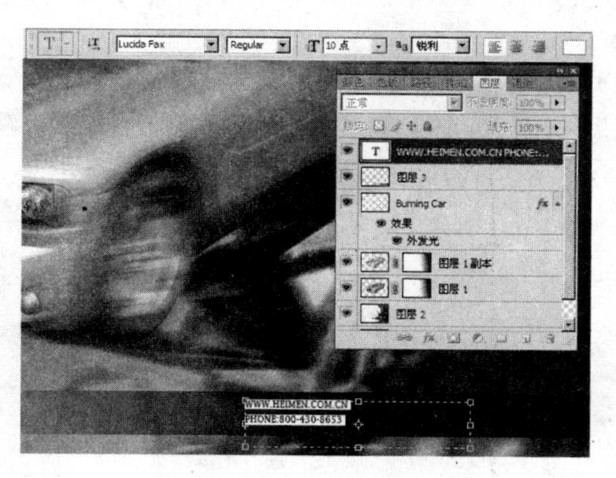

图 8-17　输入白色文字

(8) 打开本章素材文件夹中的“car1. tga”文件，使用同样的方法，将通道载入选区，如图 8-18 所示，选择【编辑】|【拷贝】命令，再选择“橙色汽车. psd”文件，选择【编辑】|【粘贴】命令，将汽车侧面图粘贴到“橙色汽车. psd”文件中，在工具箱中选择【移动工具】，将图片

移动到合适位置,如图 8-19 所示。

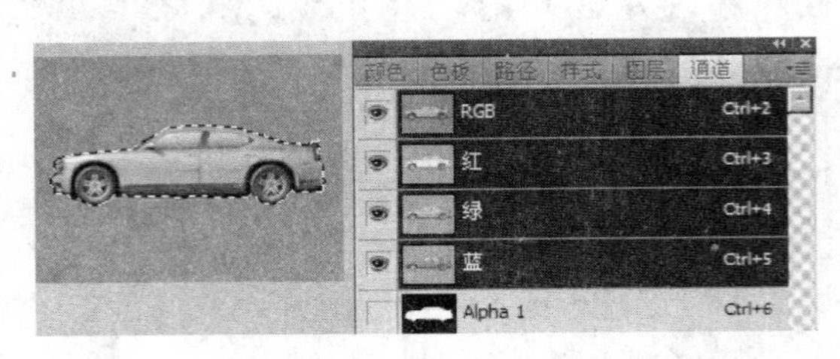

图 8-18 载入通道选区

(9) 选择【图像】|【调整】|【色阶】命令,将汽车侧面的图片色阶适当调整,和主体汽车的颜色保持一致,参数如图 8-20 所示,并单击【确定】按钮。

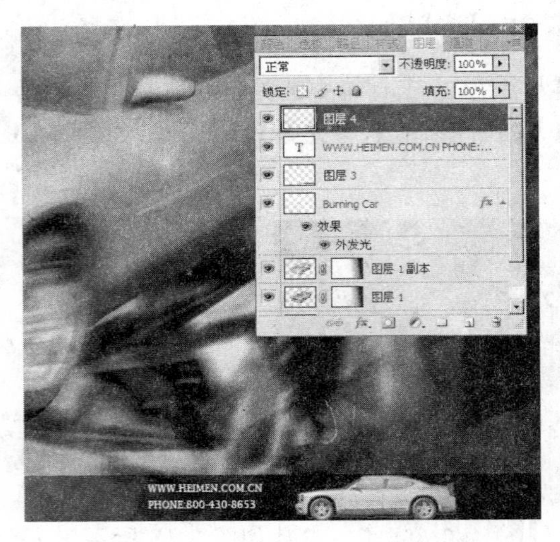

图 8-19 粘贴和移动到合适位置

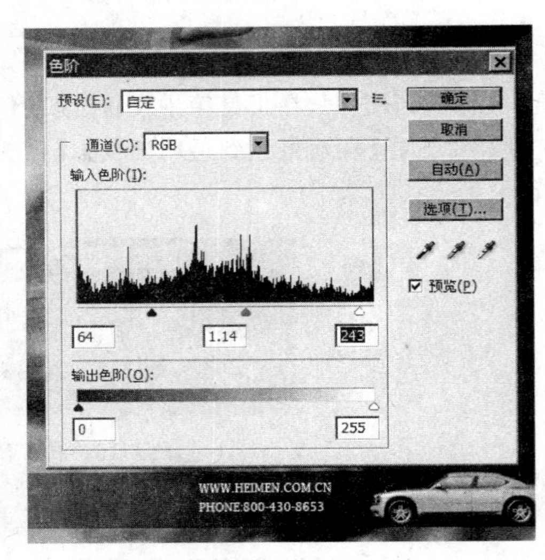

图 8-20 调整色阶

(10) 完成制作后,将图片以"橙色汽车.psd"为文件名保存在本章结果文件夹中。

例 8.2 按照如图 8-21 所示的样张,制作彩色全景图,并另存文件名为"彩色全景图.psd"。

图 8-21 彩色全景图的样张

制作要求:

(1) 打开本章素材文件夹中的"校园.jpg"文件,如图 8-22 所示,将图片由灰度改为彩色模式,以"彩色全景图.psd"为文件名保存在本章结果文件夹中。

(2) 打开本章素材文件夹中的"背景 1.jpg"文件,将图片背景 1 复制到彩色全景图中

图 8-22　校园原稿黑白图

选，再使用【移动工具】，将背景 1 移动到全景图的右侧，调整该图像的大小。

(3) 打开本章素材文件夹中的“背景 2.jpg”文件，将背景 2 复制到全景图上，再使用【移动工具】，将背景 2 移动到全景图的右侧背景 1 的左边，调整该图像的大小。

(4) 在背景 2 所在的【图层 2】上建立蒙版，使用【渐变工具】在蒙版上绘制线性渐变。

(5) 打开本章素材文件夹中的“背景 3.jpg”文件，使用同样的方法将背景 3 图片复制到彩色全景图中，并调整其大小。并在背景 3 所在的【图层 3】建立蒙版，并使用同样的方法绘制线性渐变。

(6) 使用同样的方法，打开文件“背景 4.jpg”，将图片复制到彩色全景图中，并在背景 4 所在的【图层 4】建立蒙版，并使用同样的方法绘制线性渐变。

(7) 使用同样的方法，打开文件“背景 5.jpg”，将图片复制到彩色全景图中，并在背景 5 所在的【图层 5】建立蒙版，并使用同样的方法绘制线性渐变。

(8) 选择【背景】图层，复制该图层为背景的副本。将【背景副本】放置于【图层 5】的上面，并选择图层混合模式为【正片叠底】，将背景全景图显示出来。

(9) 复制【背景副本】图层为【背景副本 2】，并设置【背景副本 2】的图层样式为【阴影】和【外发光】。

(10) 完成制作后，将图片以“彩色全景图.psd”为文件名保存在本章结果文件夹中。

制作分析：

在制作彩色全景图时，有个主要的问题必须要注意。

将背景图片复制到彩色全景图上后，应当将后一个背景叠加在前一个背景之上，使得两个背景之间有一段叠加的部分，诸如蓝色的背景 2 应该叠加在橘黄色的背景 1 图片之上，互相之间有交叠的部分，这样可以制作蒙版的透明效果。

本例的难点在于：使用渐变工具在蒙版上制作线性渐变要掌握好渐变的位置和大小。

操作步骤：

(1) 打开本章素材文件夹中的“校园.jpg”文件，选择【图像】|【模式】|【RGB 模式】命令，将图片由灰度改为彩色模式，以“彩色全景图.psd”为文件名将其保存在本章结果文件夹中，如图 8-21 所示。

(2) 选择【文件】|【打开】命令，打开本章素材文件夹中的“背景 1.jpg”文件，如图 8-23 所示。选择【选择】|【全部】命令，将图片选中，再选择【编辑】|【复制】命令，切换到彩色全景图中，选择【编辑】|【粘贴】命令，将背景 1 复制到彩色全景图上，并在工具箱中选择【移动工具】，将背景 1 移动到全景图的右侧，选择【编辑】|【变换】|【缩放】命令，调整该图像的

大小,如图 8-24 所示。

图 8-23　素材文件“背景 1.jpg”

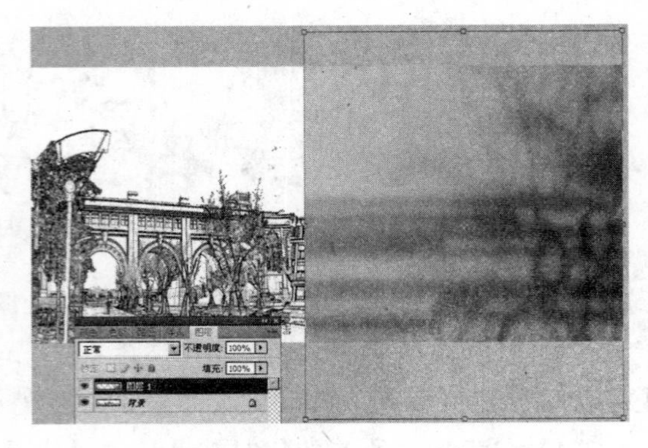

图 8-24　缩放背景 1 示意图

(3) 选择【文件】|【打开】命令,选择本章素材文件夹中的“背景 2.jpg”文件,如图 8-25 所示。选择【选择】|【全部】命令,将图片选中,再选择【编辑】|【复制】命令,切换到彩色全景图中,选择【编辑】|【粘贴】命令,将背景 2 复制到彩色全景图上,并在工具箱中选择【移动工具】,将背景 1 移动到彩色全景图的右侧背景 1 的左边,选择【编辑】|【变换】|【缩放】命令,调整该图像的大小,如图 8-26 所示。

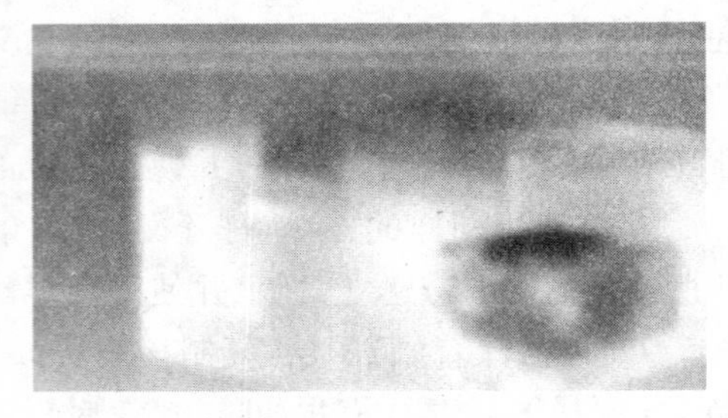

图 8-25　素材文件“背景 2.jpg”

(4) 在背景 2 所在的【图层 2】上建立蒙版,并在工具箱中选择【渐变工具】,并设置【从前景色到背景色】、【线性渐变】。使用【渐变工具】在蒙版上绘制线性渐变,效果如图 8-27 所示。

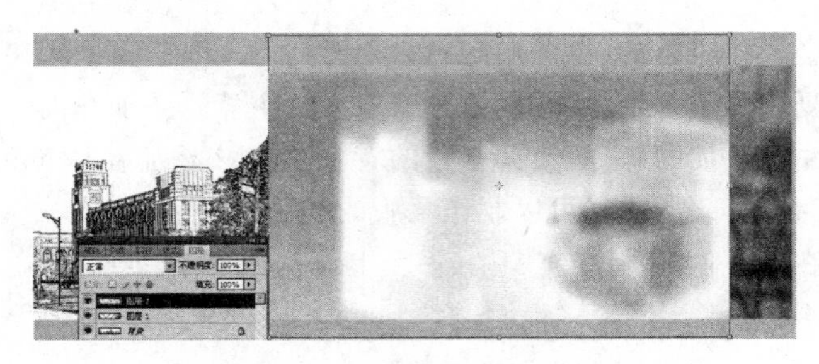

图 8-26　复制和粘贴背景 2

(5) 选择【文件】|【打开】命令,选择本章素材文件夹中的“背景 3.jpg”文件,使用同样的方法将背景 3 图片复制粘贴到彩色全景图中,并调整其大小。并在背景 3 所在的【图层 3】建立蒙版,并使用同样的方法绘制线性渐变,效果如图 8-28 所示。

(6) 使用同样的方法,打开素材文件“背景 4.jpg”,将图片复制粘贴到彩色全景图中,并在背景 4 所在的【图层 4】建立蒙版,并使用同样的方法绘制线性渐变,效果如图 8-29 所示。

图 8-27　在图层 2 上制作蒙版示意图

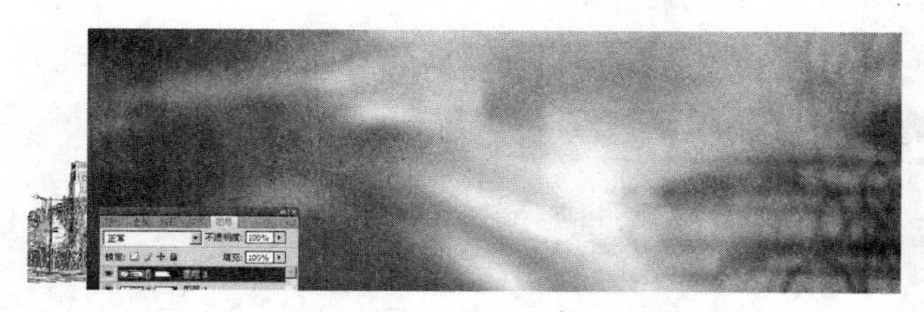

图 8-28　在图层 3 上制作蒙版示意图

图 8-29　在图层 4 上制作蒙版示意图

(7) 使用同样的方法，打开素材文件“背景 5.jpg”，将图片复制粘贴到彩色全景图中，并在背景 5 所在的【图层 5】建立蒙版，并使用同样的方法绘制线性渐变，效果如图 8-30 所示。

图 8-30　在图层 5 上制作蒙版示意图

(8) 选择【背景】图层，并选择【图层】|【复制图层】命令，复制【背景】图层为背景的副本。将背景副本放置于【图层 5】的上面，并选择图层【混合模式】为【正片叠底】，将背景全景图显示出来，如图 8-31 所示。

(9) 复制【背景副本】图层为【背景副本 2】图层，并设置【背景副本 2】的图层样式为

图 8-31　复制背景层并设置图层混合模式

【投影】和【外发光】，如图 8-32 所示。

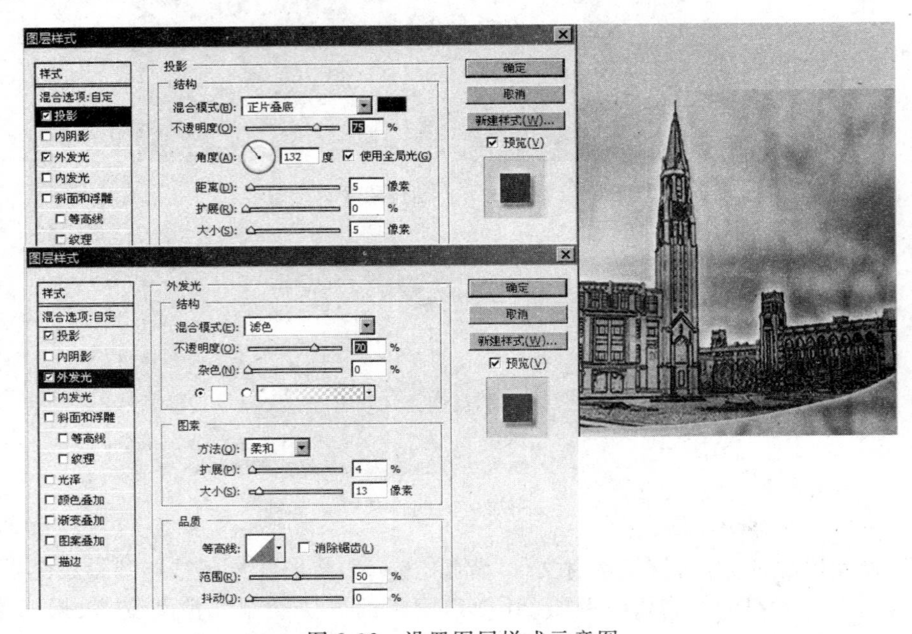

图 8-32　设置图层样式示意图

(10) 完成制作后的效果如图 8-21 所示，将图片以“彩色全景图.psd”为文件名保存在本章结果文件夹中。

8.3　实验要求与提示

(1) 打开本章素材文件夹中的图像文件“back2.jpg”、“背景 1.jpg”、“背景 2.jpg”、“背景 3.jpg”、“背景 4.jpg”，如图 8-33 所示，综合使用各种工具和技巧制作彩色校园图，制作结果以“彩色校园图.psd”为文件名保存在本章素材文件夹中。

操作提示：

请参照例 8.2 制作彩色校园图，制作的效果如图 8-34 所示。

(2) 打开本章素材文件夹中的文件“剪纸花.jpg”和“背景 1.jpg”，将“背景 1.jpg”复

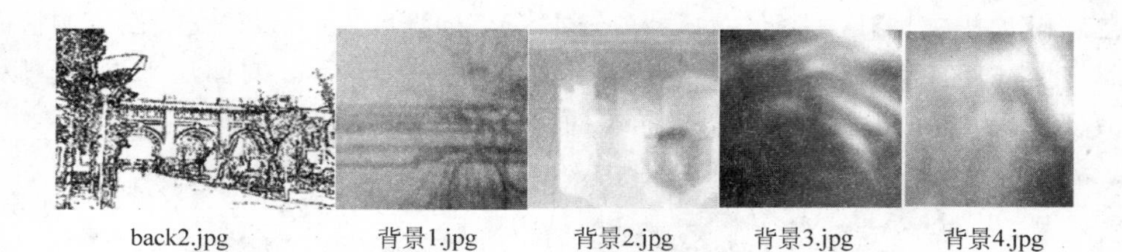

图 8-33　素材文件示意图

制到“剪纸花.jpg”中形成图层 1，调整大小，使其完全覆盖“剪纸花.jpg”，选中红色“剪纸花.jpg”，利用该选区在图层 1 创建蒙版，利用蒙版效果制作出样张效果，并添加斜面浮雕的效果，如图 8-35 所示，用“剪纸.psd”为文件名保存在本章素材文件夹中。

图 8-34　彩色校园图的样张

图 8-35　立体剪纸的样张

操作提示：

(1) 打开如图 8-36(a)所示的文件“剪纸花.jpg”和如图 8-36(b)所示的文件“背景1.jpg”，切换到“背景 1.jpg”，按 Ctrl＋A 快捷键全选，按 Ctrl＋C 快捷键复制，切换到“剪纸花.jpg”，按 Ctrl＋V 快捷键粘贴，按 Ctrl＋T 快捷键调整“背景 1.jpg”的大小，使其完全覆盖“剪纸花.jpg”。

(a) 素材文件“剪纸花.jpg”

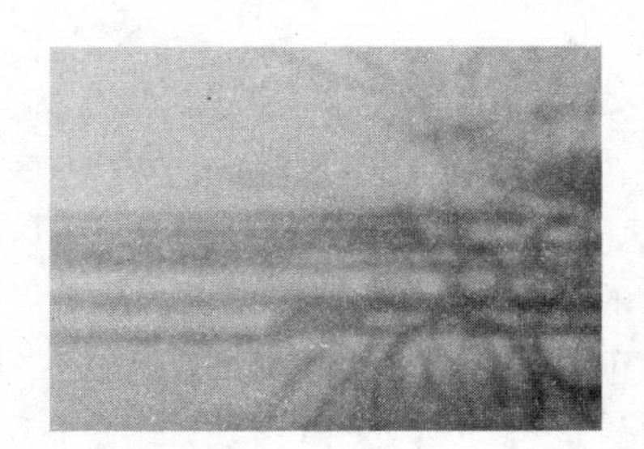

(b) 素材文件“背景1.jpg”

图 8-36　两个素材文件

(2) 用【魔棒工具】单击图像，建立"剪纸花.jpg"的选区，也可以先交换图层调板的两个图层，建立选区后再交换还原这两个图层，如图 8-37(a)所示。对图层 1 添加蒙版，如图 8-37(b)所示，并添加斜面浮雕图层样式，最终的效果如图 8-35 所示。

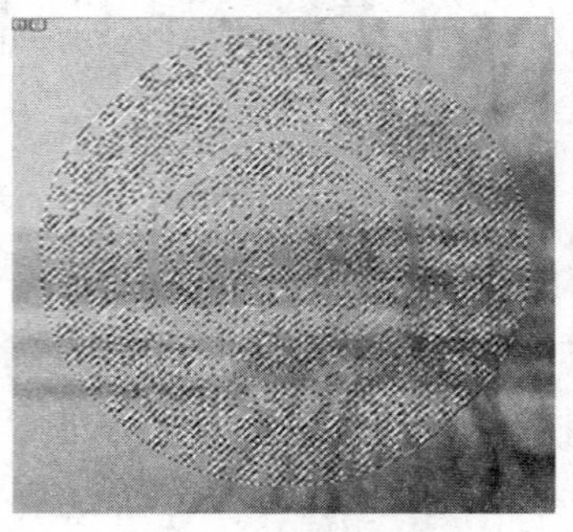

(a) 用魔棒工具添加选区

(b) 最终的图层调板

图 8-37　选区与图层示意图

(3) 打开本章素材文件夹中的"水晶球.jpg"和"小熊.jpg"文件，如图 8-38(a)、(b)所示，利用图层蒙版技术对图像进行合成，合成后的效果如图 8-38(c)所示，操作结果以"小熊水晶球.psd"为文件名保存在本章结果文件夹中。

(a) 水晶球图像

(b) 小熊图像

(c) 最终合成后的效果图

图 8-38　图层蒙版合成图像示意图

操作提示：

① 打开素材中的两张图片，并将图像"小熊.jpg"拖入"水晶球.jpg"图像中。

② 在【图层】调板中，确定所选图层为小熊图像，选择【图层】|【图层蒙版】|【显示全部】命令。

③ 在工具箱中设置【前景色】前景色为黑色，选择【画笔工具】，在【工具选项栏】中选一个大小为 65px 的柔化边缘笔尖。然后在小熊图片的背景部分涂抹，使其变透明。

④ 当觉得效果满意后，然后按 Ctrl+T 快捷键，调整图片的大小为水晶球的大小，然后移到合适的位置，如图 8-38(c)所示。

(4) 打开本章素材文件夹中的图像文件"花朵 2.jpg"，如图 8-39(a)所示，利用矢量蒙版技术对图像进行编辑，去掉背景，如图 8-39(b)所示，将处理成透明背景的图像以"花朵 2.psd"为文件名保存在本章结果文件中。

操作提示：

① 打开图片，按 Ctrl+J 快捷键复制图层。

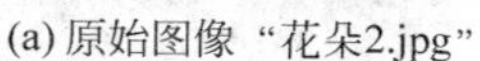

(a) 原始图像“花朵2.jpg”　　(b) 矢量蒙版处理后的结果图像

图 8-39　用矢量蒙版处理图像示意图

② 用【快速选择工具】在花朵上拖曳建立选区，如图 8-40(a)所示。单击【路径】调板底部的【从选区生成工作路径】按钮，将选区转换成工作路径，如图 8-40(b)所示。单击【路径】调板右上角的菜单按钮，选择【存储路径】命令，如图 8-40(c)所示。

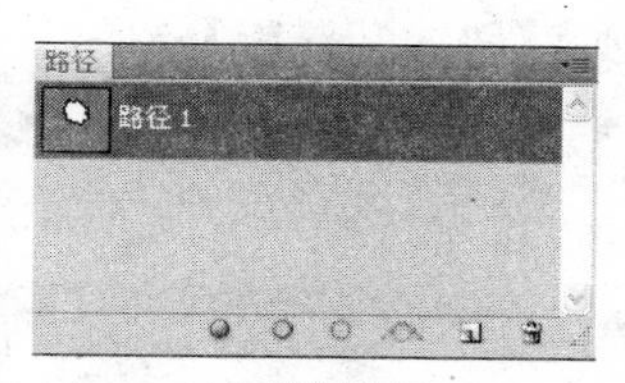

(a) 建立选区　　(b) 选区转换为工作路径　　(c) 存储路径

图 8-40　建立选区与路径示意图

③ 选择【图层】|【矢量蒙版】|【当前路径】命令，建立矢量蒙版，【路径】调板和【图层】调板如图 8-41 所示。隐藏背景后看到去掉背景后的花朵，如图 8-39(b)所示。

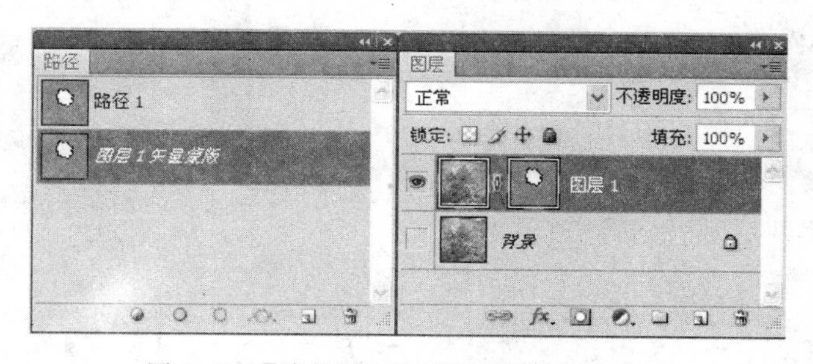

图 8-41　【路径】调板和【图层】调板示意图

(5) 打开本章素材文件夹中的图像“数字.jpg”和“键盘.jpg”，将图像“键盘.jpg”复制到图像“数字.jpg”中，利用白色到黑色的线性渐变的图层蒙版技术合成图像。将“背景 6.jpg”复制到图像“数字.jpg”中，用剪贴蒙版技术处理竖排文字“数字时代”，操作结果如图 8-42 所示，以“数字时代.psd”为文件名将处理后的图像保存在本章结果文件夹中。

操作提示：

① 打开文件"数字.jpg" 和"键盘.jpg"，用【移动工具】将"键盘.jpg"拖入"数字.jpg"中，放到右侧适当位置，将该图层名为"图层 1"。

图 8-42　图像"数字时代.psd"的样张

② 在【图层】调板中，确定当前图层为【图层 1】，选择【图层】|【图层蒙版】|【显示全部】命令，添加蒙版。选择【渐变工具】，并在工具选项栏中选择【从前景色到背景色】的【线性渐变】，沿着图像"键盘.jpg"中部水平拖曳，完成图层蒙版合成图像的操作。

③ 输入竖排文字"数字时代"，设置为黑体、72 点。打开文件"背景 6.jpg"，将其复制到"数字.jpg"中，该图层为【图层 2】，并适当调整大小。选中【图层 2】，选择【图层】|【创建剪贴蒙版】命令，创建剪贴蒙版后的【图层】调板如图 8-43 所示。

④ 选中文字图层，单击右键，选择【混合选项】命令，打开【图层样式】对话框，设置【外发光】和【斜面和浮雕】效果。

(6) 利用图层的混合模式和图层蒙版，结合滤镜和各种工具，制作出如图 8-44 所示绚丽多姿的校园宣传画，结果文件以"校园.psd"为文件名保存在本章结果文件夹中。

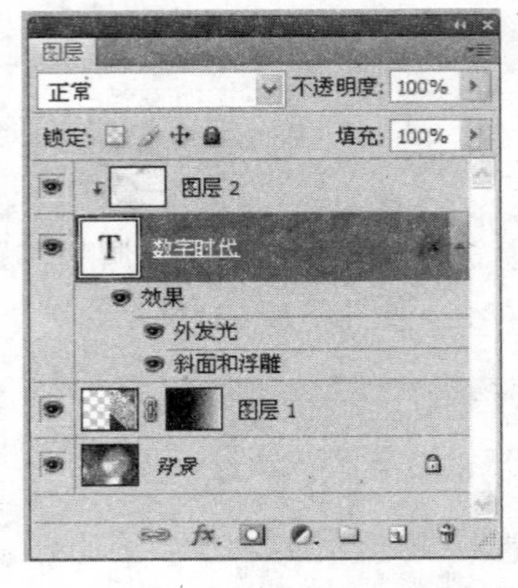

图 8-43　【图层】调板示意图

图 8-44　校园宣传画的样张

操作提示：

① 按快捷键 Ctrl+N 新建名为"校园.psd"的文件，设置【宽度】为 7.5 厘米，【高度】为 10 厘米，【分辨率】为 350 像素/英寸，【颜色模式】为 RGB 颜色/8 位，【背景内容】为白色。

② 打开本章素材文件夹中图像文件"0.jpg"，按 Ctrl+A、Ctrl+C 快捷键，完成操作全选、复制，切换到文件"校园.psd"后按 Ctrl+V 快捷键，粘贴该图像，并调整图像的大小和位置，将图层重命名为"camp"，如图 8-45(a)所示。

③ 按 Ctrl+U 快捷键，打开【色相/饱和度】对话框，选中【着色】复选框，参数设置如

(a) 复制图像后的位置与大小

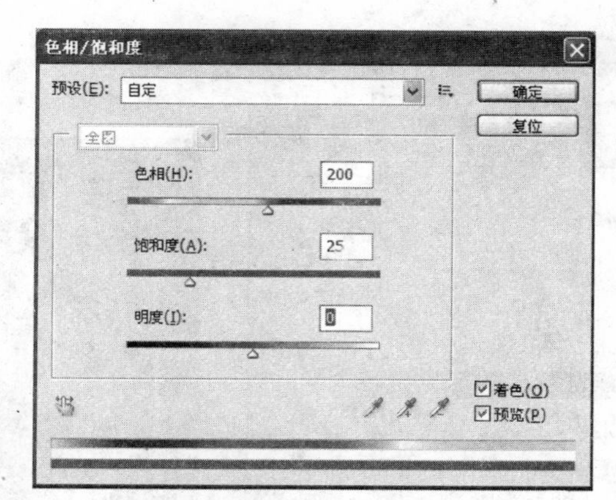

(b) 设置色相/饱和度

图 8-45　调整图像的位置、色相/饱和度

图 8-45(b)所示。

④ 单击【图层】调板底部【添加图层蒙版】按钮，为 camp 添加一个图层蒙版。单击【画笔工具】，在工具选项栏中设置【画笔】为【柔角像素】为 100，【主直径】为 100px，【前景色】为黑色，沿图像边缘涂抹，效果如图 8-46(a)所示。设置图层的【不透明度】为 50%。

按 Ctrl+J 快捷键，复制 camp 图层，得到【camp 副本】，设置【camp 副本】图层的【混合模式】为【线性加深】，【图层】调板如图 8-46(b)所示。

(a) 图像处理后的效果　　(b) 【图层】调板示意图

图 8-46　添加图层蒙版示意图

⑤ 按 Ctrl+Shift+N 快捷键，新建一个图层，并重命名为“shading”。单击【渐变工具】，在工具选项栏中单击【径向渐变】按钮，打开【渐变编辑器】，设置色块的颜色依次为(C:94/M:100/Y:62/K:47)、(C:88/M:95/Y:32/K:1)、(C:53/M:14/Y:0/K:0)、(C:31/M:1/Y:0/K:0)，如图 8-47(a)所示，填充渐变色后的效果如图 8-47(b)所示。设置 shading 图层的【混合模式】为【正叠底片】，效果如图 8-47(c)所示。

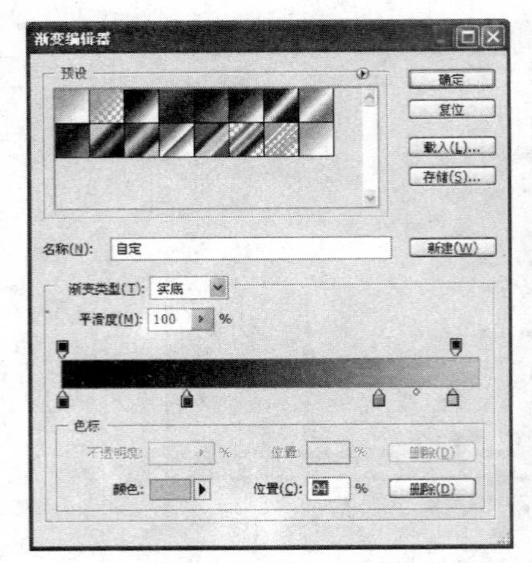

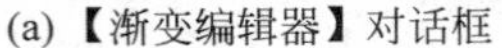

(a)【渐变编辑器】对话框

(b) 填充渐变色后的效果

(c) 设置【正叠底片】后的效果

图 8-47　填充渐变色后的效果图

⑥ 给 shading 图层添加图层蒙版,【图层】调板如图 8-48(a)所示。选择【渐变工具】为【径向渐变】,【渐变预设】为【前景到透明】,【前景色】为黑色,效果如图 8-48(b)所示。

⑦ 打开本章素材文件夹中图像文件“b7. bmp”,并将其复制到图像文件“校园. psd”中,按 Ctrl+T 快捷键,调整图像大小,并重命名图层名为“light”。设置该图层的【混合模式】为【柔光】,效果如图 8-48(c)所示。

(a)【图层】调板示意图

(b) 添加蒙版后的效果

(c) 设置新图像混合模式为【柔光】

图 8-48　添加图层蒙版示意图

⑧ 打开本章素材文件夹中图像文件“b8. bmp”,并将其复制到图像文件“校园. psd”中,调整图像大小,将其水平翻转,并重命名图层名为“ray”。设置该图层的【混合模式】为【变亮】,效果如图 8-49(a)所示。

⑨ 给 ray 图层添加图层蒙版,选择【画笔工具】,【前景色】为黑色,在图像边缘涂抹,效果如图 8-49(b)所示,【图层】调板如图 8-49(c)所示。

⑩ 打开本章素材文件夹中图像文件“背景 7. jpg”,并将其复制到图像文件“校

园.psd”中，调整图像大小，设置该图层的【混合模式】为【叠加】，效果如图 8-50(a)所示。

⑪ 打开本章素材文件夹中图像文件“5.png”，并将其复制到图像文件“校园.psd”中，调整图像大小，并重命名图层名为“build”，将该图层移到背景层上方，用前面相同的方法添加图层蒙版，效果如图 8-50(b)所示，【图层】调板如图 8-50(c)所示。

(a) 复制并调整图像

(b) 添加图层蒙版后的效果

(c) 【图层】调板示意图

图 8-49　处理图层 ray 示意图

(a) 复制图像文件“背景7”

(b) 处理图层build后的效果

(c) 【图层】调板示意图

图 8-50　处理图层 build 示意图

⑫ 按 Ctrl+J 快捷键，复制图层 build 得到图层【build 副本】，选择【编辑】|【变换】|【水平翻转】命令，将图层【build 副本】移到右边合适的位置处。

⑬ 在图层 light 下方新建一个图层，命名为“shading2”，给该图层填充黑色。选择【滤镜】|【纹理】|【颗粒】命令，设置【强度】为 90，【对比度】为 100，【颗粒类型】为垂直，并设置该图层的【混合模式】为【滤色】，给图层 shading2 添加图层蒙版，用【画笔工具】涂抹，效果如图 8-51(a)所示，【图层】调板如图 8-51(b)所示。

⑭ 在图像文件上添加竖排文字“校园”，最终效果如图 8-44 所示。

(a) 图层shading2处理后的效果

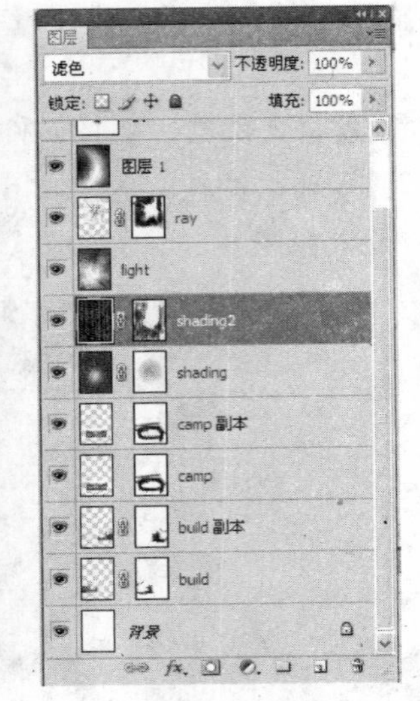

(b)【图层】调板示意图

图 8-51　处理图层 shading2 示意图

8.4　课外练习与思考

1. 选择题

(1) 如果想直接将 Alpha 通道中的选区载入，那么该按住什么键的同时并单击 Alpha 通道？(　　)

A. Alt　　B. Ctrl　　C. Shift　　D. Shift+Alt

(2) 下列关于【通道】调板的说法哪些是正确的？(　　)

A.【通道】调板中可创建 Alpha 通道

B.【通道】调板不可用来存储选区

C.【通道】调板可用来创建路径

D.【通道】调板中只有灰度的概念，没有色彩的概念

(3) 在【图层】调板中，以下哪种操作不可以完成？(　　)

A. 创建图层蒙版　　B. 创建选区

C. 创建剪贴蒙版　　D. 创建矢量蒙版

(4) 下列哪些内容不能够添加图层蒙版？(　　)

A. 图层组　　B. 文字图层　　C. 透明图层　　D. 背景图层

(5) 对于图层蒙版下列哪些说法是不正确的？(　　)

A. 用黑色的毛笔在图层蒙版上涂抹，图层上的像素就会被遮住

B. 用白色的毛笔在图层蒙版上涂抹，图层上的像素就会显示出来

C. 用灰色的毛笔在图层蒙版上涂抹，图层上的像素就会被部分遮住

D. 图层蒙版一旦建立，就不能被修改

(6) 如果在图层上增加一个蒙版，当要单独移动蒙版时下面哪种操作是正确的？(　　)

A. 首先单击图层上面的蒙版，然后选择【移动工具】就可移动了

B. 首先单击图层上面的蒙版，选择【选择】|【全部】命令，再用【移动工具】拖拉

C. 首先要解掉图层与蒙版之间的锁，然后选【移动工具】就可移动了

D. 首先要解掉图层与蒙版之间的锁，再选择蒙版，然后选择【移动工具】就可移动了

(7) 以下哪种方法不能为图层添加图层蒙版？(　　)

A. 在【图层】调板中，单击【添加图层蒙版】按钮

B. 选择【图层】|【图层蒙版】|【移去图层蒙版】命令

C. 选择【图层】|【图层蒙版】|【显示全部】命令

D. 选择【图层】|【图层蒙版】|【隐藏全部】命令

(8) 下面对图层蒙板的显示、关闭和删除描述哪些是正确的？(　　)

A. 按住 Alt 键的同时单击【图层】调板中的蒙板就可以关闭蒙板

B. 当在【图层】调板的蒙板图标上出现一个大叉号标记，表示将图层蒙板永久关闭

C. 图层蒙版可以通过【图层】调板中的垃圾桶图标进行删除

D. 图层蒙版创建后就不能被删除

(9) 对于一个已编辑过图层蒙版的图层而言，如果再次单击【添加蒙版】按钮，则下列哪一项能够正确描述操作结果？(　　)

A. 当前图像效果无任何改变

B. 将为当前图层增加一个图层剪贴蒙版

C. 复制当前图层的第一个蒙版相同的蒙版，从而使当前图层具有两个蒙版

D. 删除当前图层蒙版

2. 填空题

(1) 通道的类型主要有 3 种，分别是【颜色】通道、________通道以及________通道。

(2) 将通道作为选区载入的操作就是把建立的通道中________作为选区载入到________中。

(3) 在编辑图像时创建的选区常常会多次使用，此时可以将选区存储起来以便以后多次使用，存储的选区通常会被放置在________通道中。

(4) 专色通道就是一种用来保存________的通道，专色通道具有________通道的一切特点。

(5) 在 Photoshop CS4 中蒙版分为________蒙版、________蒙版、________蒙版和________蒙版等几种类型。

(6) 创建蒙版后，在默认状态下蒙版与当前图层中的图像处于________状态，在图层缩略图与蒙版缩略图之间会出现一个________，此时移动图像时蒙版会跟随移动。

(7) 矢量蒙版的作用与图层蒙版类似，只是创建或编辑矢量蒙版时要使用________，

矢量蒙版可在图层上创建边缘比较清晰的形状。

(8) 剪贴蒙版由两个以上图层构成,处于下方的图层称为________,用于控制上方的图层的显示区域,而其上方的图层则被称为________。在每一个剪贴蒙版中基层只有一个,而内容图层则可以有若干个。

3. 思考题

(1) 什么是通道? RGB 图像至少有几个通道? 一个 CMYK 格式图像至少有几个通道?

(2) 在通道中可以使用哪些工具编辑?

(3) 通道中白色和黑色的部分代表什么? 灰色的区域呢?

(4) 蒙版的作用是什么? 如何使用蒙版?

第9章 滤镜的应用

9.1 实验目的

(1) 了解滤镜的使用规则。

(2) 掌握各种常用滤镜的使用方法。

(3) 综合常规滤镜。

9.2 典型范例分析与解答

例 9.1 制作春夏秋冬风景画,如图 9-1 所示。

图 9-1 春夏秋冬的样张

制作要求:

(1) 新建文件,以"春夏秋冬.psd"为文件名保存在本章结果文件夹中。将本章素材文件夹中的"景色 1.jpg"文件打开,全选并复制到"春夏秋冬.psd"中。

(2) 选择【喷色描边】滤镜和【水彩画纸】滤镜。再选择【干画笔】滤镜完成春色图制作。

(3) 将本章素材文件夹中的"景色 2.jpg"文件打开,全选再复制到"春夏秋冬.psd"

中。选择【移动工具】,将"景色 2"移动到"景色 1"的右侧。

(4) 选择【绘画涂抹】滤镜。再调整该图片的色阶,使得对比更强烈。使用【粗糙蜡笔】滤镜,完成夏色图制作。

(5) 将本章素材文件夹中的"景色 3.jpg"文件打开,全选再复制到"春夏秋冬.psd"中。选择【移动工具】,将"景色 3"移动到"景色 1"的下侧。调整该图片的色阶,使得对比更强烈。

(6) 选择【图像】|【调整】|【变化】命令,单击加深黄色和加深红色各两次,为画面颜色调整变化。选择【喷溅】滤镜,完成秋色图制作。

(7) 将本章素材文件夹中的"景色 4.jpg"文件打开,全选复制到"春夏秋冬.psd"中。选择【移动工具】,将"景色 4"移动到"景色 2"的下侧。调整图片的饱和度和明度,使得对比减弱。

(8) 选择【喷溅】和【彩块化】滤镜,完成冬色图制作。

(9) 完成制作后,将图片以"春夏秋冬.psd"为文件名保存在本章结果文件夹中。

制作分析:

本例的难点在于:使用滤镜制作春夏秋冬应从画面色调和季节之间的关系来调整,春以绿色为主色调,夏以红绿对比为主,秋天以金黄色为主色调,冬季以冷色的蓝色调为主。

操作步骤:

(1) 选择【文件】|【新建】命令,新建文件,参数如图 9-2 所示,以"春夏秋冬.psd"为文件名保存在本章结果文件夹中。将本章素材文件夹中的"景色 1.jpg"文件打开,按 Ctrl+A 快捷键全选,选择【编辑】|【拷贝】命令,再选择【图像】|【粘贴】命令,将选区复制到"春夏秋冬.psd"中,如图 9-3 所示。

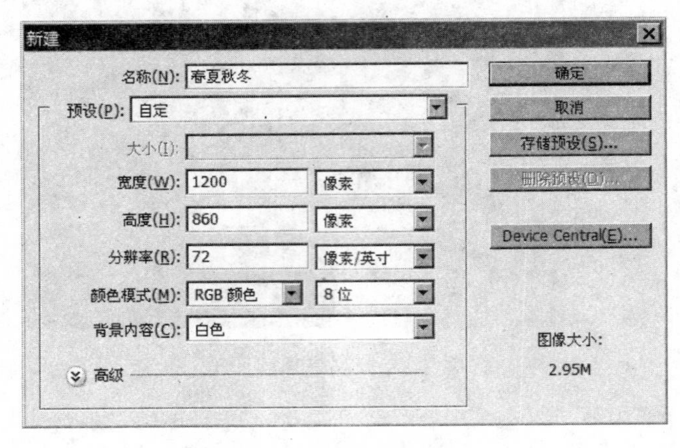

图 9-2　新建文件

(2) 选择【滤镜】|【画笔描边】|【喷色描边】命令,参数如图 9-4 所示。并选择【滤镜】|【素描】|【水彩画纸】命令,参数如图 9-5 所示。选择【滤镜】|【艺术效果】|【干画笔】命令,参数如图 9-6 所示。完成春色图制作。

(3) 将本章素材文件夹中的"景色 2.jpg"文件打开,参考步骤(1)将图像复制到"春夏

图 9-3　复制和粘贴景色 1

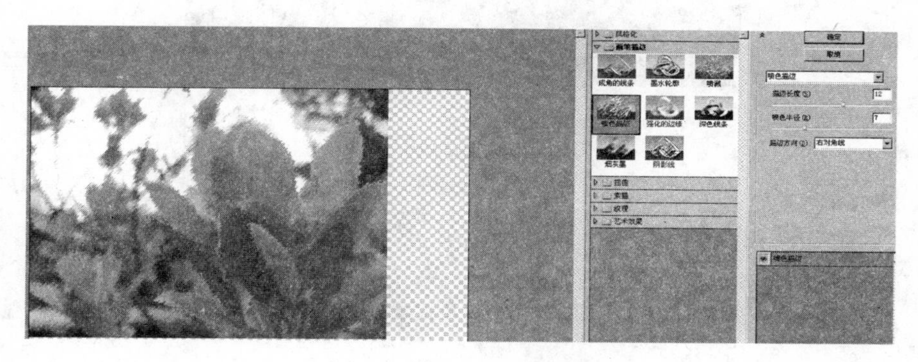

图 9-4　【喷色描边】滤镜

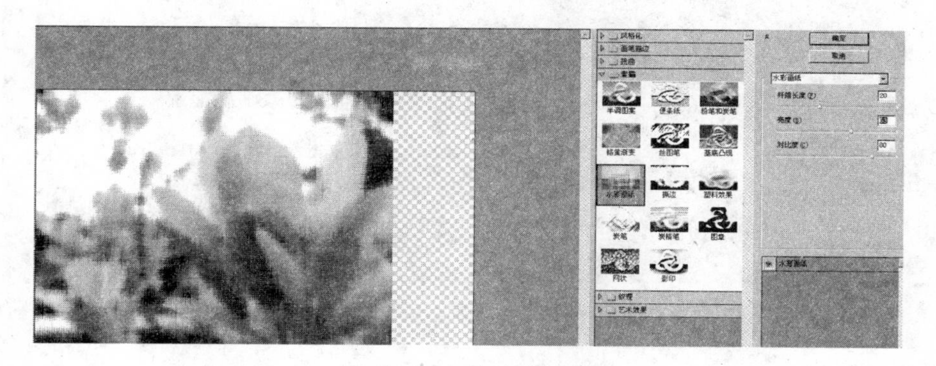

图 9-5　【水彩画纸】滤镜

秋冬.psd"中。在工具箱中选择【移动工具】,将"景色 2"移动到"景色 1"的右侧,如图 9-7 所示。

(4) 选择【滤镜】|【艺术效果】|【绘画涂抹】命令,参数如图 9-8 所示。再选择【图像】|【调整】|【色阶】命令,调整图片的色阶,使得对比更强烈,参数如图 9-9 所示。选择【滤镜】|

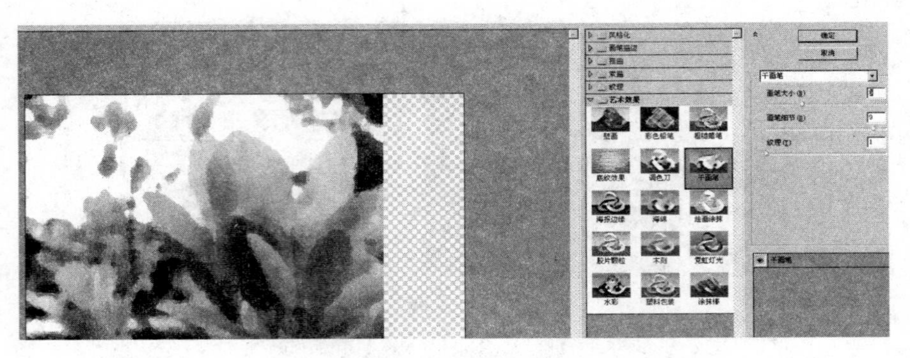

图 9-6 【干画笔】滤镜

图 9-7 复制和粘贴景色 2

图 9-8 【绘画涂抹】滤镜

【艺术效果】|【粗糙蜡笔】命令，参数如图 9-10 所示，完成夏色图制作。

(5) 将本章素材文件夹中的“景色 3.jpg”文件打开，参考步骤(1)将图像复制到“春夏秋冬.psd”中。在工具箱中选择【移动工具】，将“景色 3”移动到“景色 1”的下侧，如图 9-11 所示。选择【图像】|【调整】|【色阶】命令，调整图片的色阶，使得对比更强烈，如图 9-12 所示。

图 9-9　调整色阶

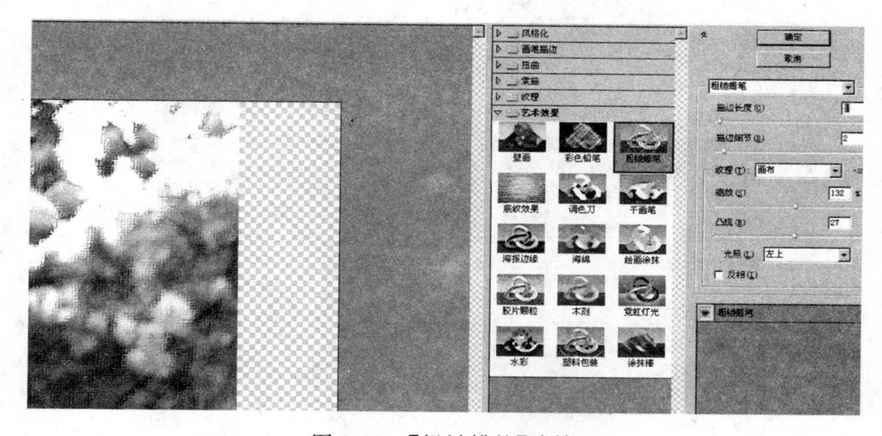

图 9-10　【粗糙蜡笔】滤镜

图 9-11　复制和粘贴景色 3

(6) 选择【图像】|【调整】|【变化】命令，按加深黄色和加深红色各两次，为画面颜色调整变化，如图 9-13 所示。选择【滤镜】|【画笔描边】|【喷溅】命令，参数如图 9-14 所示，完成秋色图制作。

图 9-12　调整色阶

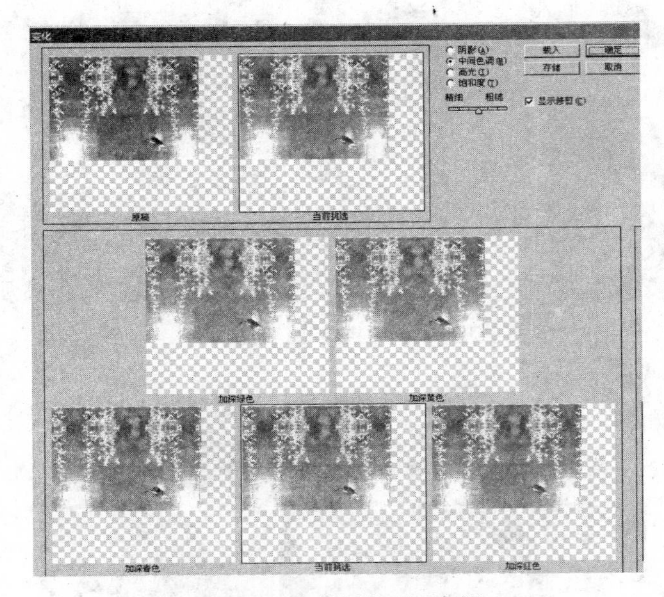

图 9-13　变化调整画面色调

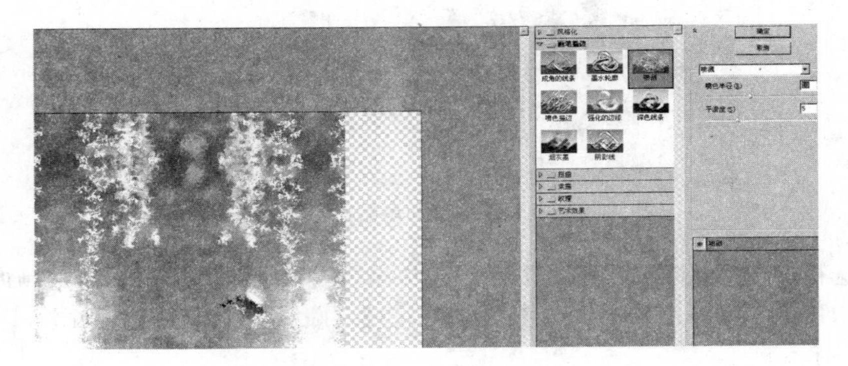

图 9-14　【喷溅】滤镜

(7) 将本章素材文件夹中的"景色 4.jpg"文件打开，参考步骤(1)将图像复制到"春夏秋冬.psd"中。在工具箱中选择【移动工具】,将"景色 4"移动到"景色 2"的下侧，如图 9-15 所示。选择【图像】|【调整】|【色相饱和度】命令，调整图片的饱和度和明度，使得对比减弱，如图 9-16 所示。

图 9-15　复制和粘贴景色 4

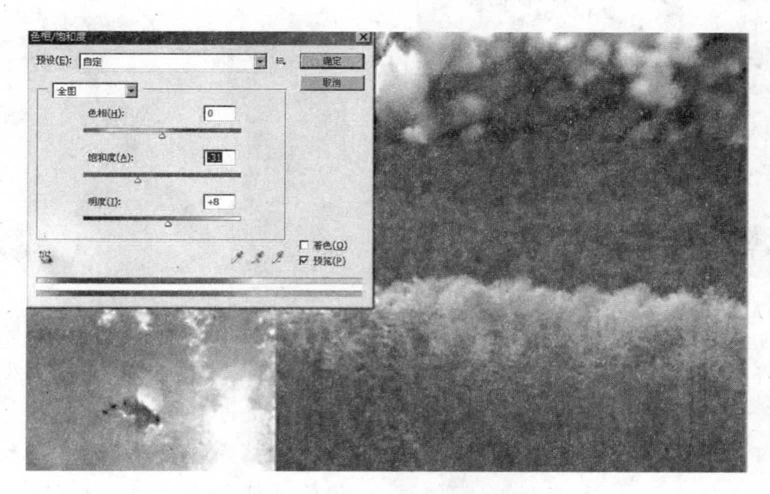

图 9-16　调整景色 4 的饱和度和明度

(8) 选择【滤镜】|【画笔描边】|【喷溅】命令，参数如图 9-17 所示。选择【滤镜】|【像素化】|【彩块化】命令，参数如图 9-18 所示，完成冬色图制作。

(9) 完成制作后，将图片以"春夏秋冬.psd"为文件名保存在本章结果文件夹中。

例 9.2　按照如图 9-19 所示的样张，制作豹纹标志，并存另文件名为"豹纹标志.psd"。

制作要求：

(1) 建立新文件，设置【宽度】和【高度】，并设置【前景色】与【背景色】。选择【云彩】滤镜，将图片变为黄色的云彩。以"豹纹标志.jpg"为文件名保存在本章结果文件夹中。

图 9-17 【喷溅】滤镜

图 9-18 【彩块化】滤镜

图 9-19 豹纹标志

(2) 选择【网状】滤镜和【干画笔】滤镜，再选择【添加杂色】滤镜和【动感模糊】滤镜。

(3) 选择【锐化工具】，在画面上反复涂抹，使得豹纹的毛皮效果更清晰。

(4) 打开本章素材文件夹中的“logo.jpg”文件，选择【魔棒工具】，选择标志中黑色的部分，选择【选区相似】，选择标志，将标志复制到“豹纹标志.psd”文件中。

(5) 复制【背景】图层，将【背景副本】的豹纹图层缩小到与标志大小一致。选择【背景】图层，以白色填充背景。

(6) 选择【图层 1】，将【图层 1】的透明度调整，再选择【背景副本】图层，选择【橡皮图章工具】，在画面靠近标志中心区域和靠近右上角 R 区域，复制豹纹图中黑色图纹。

(7) 再选择【标志图层】即【图层 1】，选中该图层中的标志，并在【图层】调板中将【图层 1】的指示图层可见性关闭，并选择【背景副本】图层。将选区反选，并按 Delete 键。

(8) 完成制作后，将图片以“豹纹标志.psd”为文件名保存在本章结果文件夹中。

制作分析：

在制作豹纹标志的时候，有个主要的问题必须要注意，即在底纹的制作上应该尽量接近豹纹的颜色和质感，多次使用滤镜也是为了实现该效果。

操作步骤：

（1）选择【文件】|【新建】命令，建立新文件，【宽度】为 1000 像素，【高度】为 600 像素，并设置【前景色】为黄色，【背景色】为黑色，参数如图 9-20 所示。选择【滤镜】|【渲染】|【云彩】命令，将图片变为黄色的云彩。以“豹纹标志.jpg”为文件名保存在本章结果文件夹中。

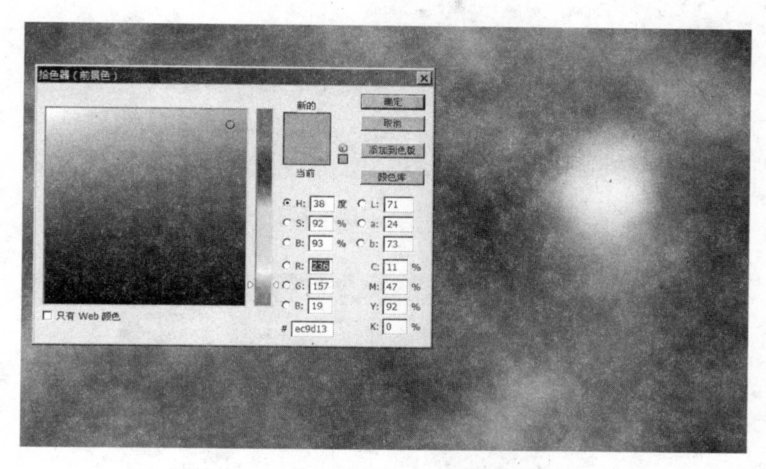

图 9-20　设置前背景色和【云彩】滤镜

（2）选择【滤镜】|【素描】|【网状】命令，参数如图 9-21 所示；选择【滤镜】|【艺术效果】|【干画笔】命令，参数和效果如图 9-22 所示；选择【滤镜】|【杂色】|【添加杂色】命令，参数如图 9-23 所示；选择【滤镜】|【模糊】|【动感模糊】命令，参数如图 9-24 所示。

图 9-21　【网状】滤镜

（3）在工具箱中选择【锐化工具】，参数如图 9-25 所示，在画面上反复涂抹，使得豹纹的毛皮效果更清晰。

（4）打开本章素材文件夹中的“logo.jpg”文件，并在工具箱中选择【魔棒工具】，选择标志中黑色的部分，并选择【选择】|【选区相似】命令，选择标志，如图 9-26 所示。选择【编

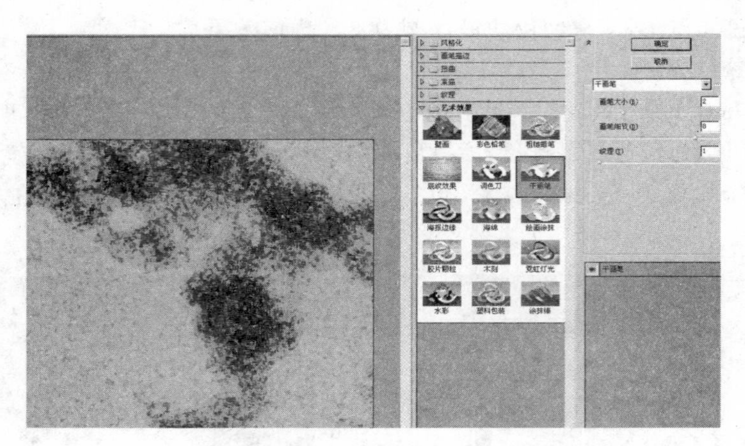

图 9-22 【干画笔】滤镜

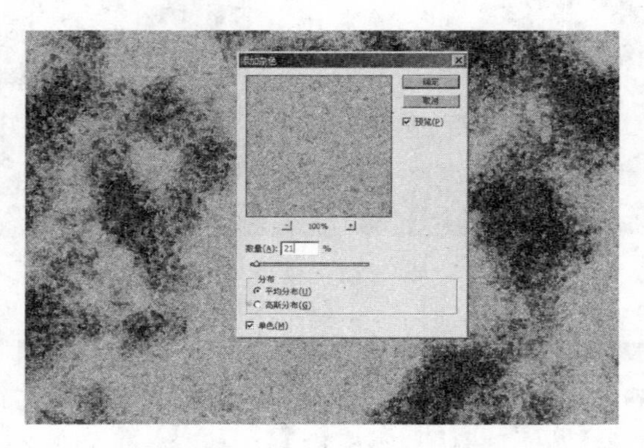

图 9-23 【添加杂色】滤镜

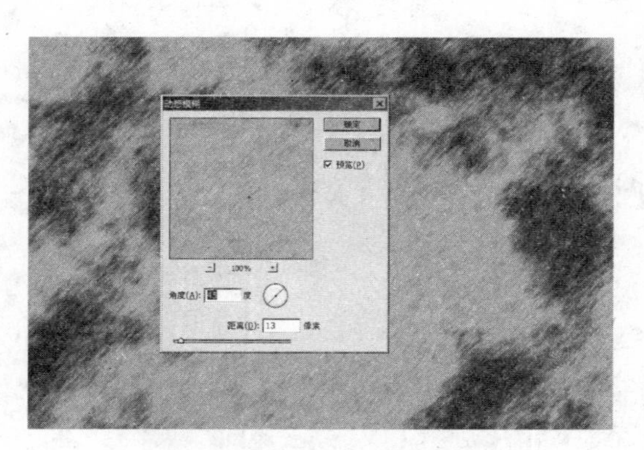

图 9-24 【动感模糊】滤镜

辑】|【复制】命令，再到“豹纹标志.psd”文件中，选择【编辑】|【粘贴】命令，将标志复制到“豹纹标志”文件中，如图 9-27 所示。

(5) 选择【背景】图层，再选择【图层】|【复制图层】命令，将【背景】图层复制，按 Ctrl+T 快捷键，将【背景副本】图层的豹纹图层缩小到与标志大小一致，如图 9-28 所示。选择【编辑】|【填充】命令，将【背景】图层以白色填充背景，如图 9-29 所示。

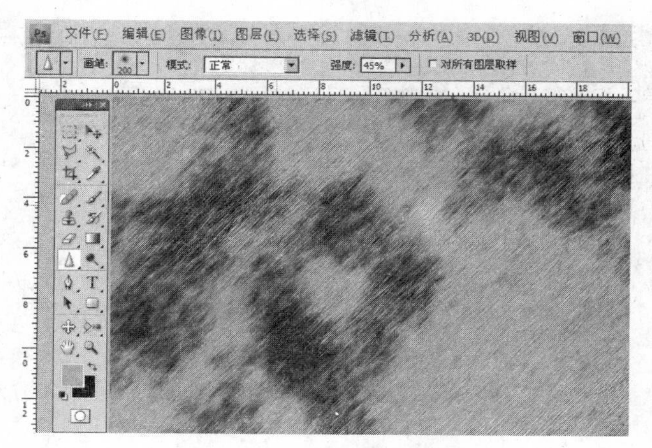

图 9-25 【锐化工具】涂抹

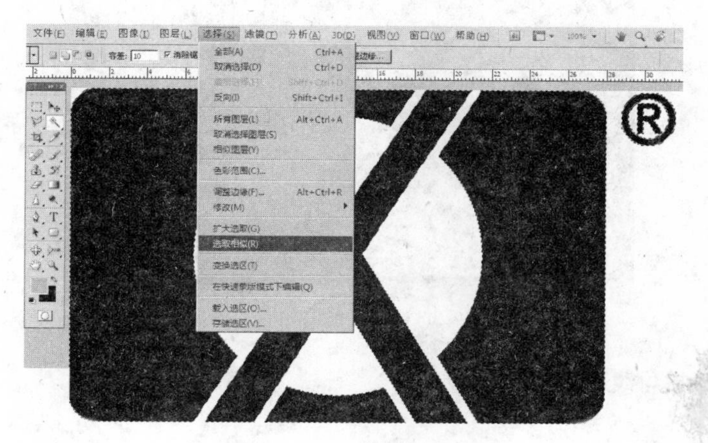

图 9-26 选择选区相似命令

图 9-27 粘贴标志到豹纹底纹上

(6) 选择【图层 1】,将【图层 1】的【透明度】调整为 30%,再选择【背景副本】图层,在工具箱中选择【橡皮图章工具】,参数如图 9-30 所示,在画面靠近标志中心区域和靠近右

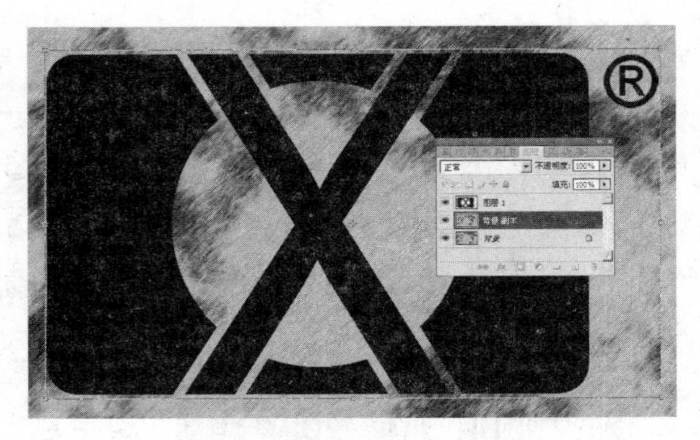

图 9-28　调整豹纹图层大小

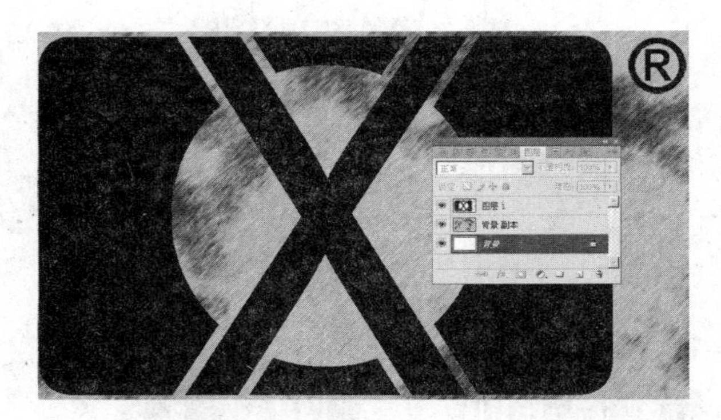

图 9-29　将背景以白色填充

上角 R 区域，复制豹纹图中黑色图纹。

图 9-30　以橡皮图章复制黑色图纹

(7) 再选择标志图层即【图层 1】，按 Ctrl 键并单击【图层 1】，选中该图层中的标志，并在【图层】调板中将【图层 1】的可见性关闭，并选择【背景副本】图层，如图 9-31 所示。选择【选择】|【反向】命令，将选区反选，如图 9-32 所示，并按 Delete 键。

(8) 完成制作后，将图片以“豹纹标志.psd”为文件名保存在本章结果文件夹中。

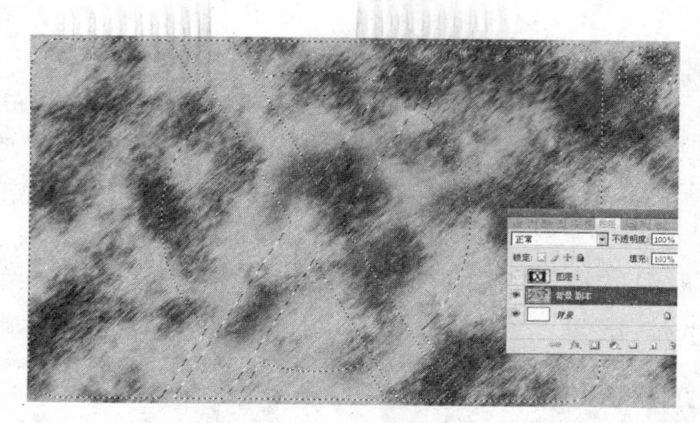

图 9-31　关闭【图层 1】的指示图层可见性

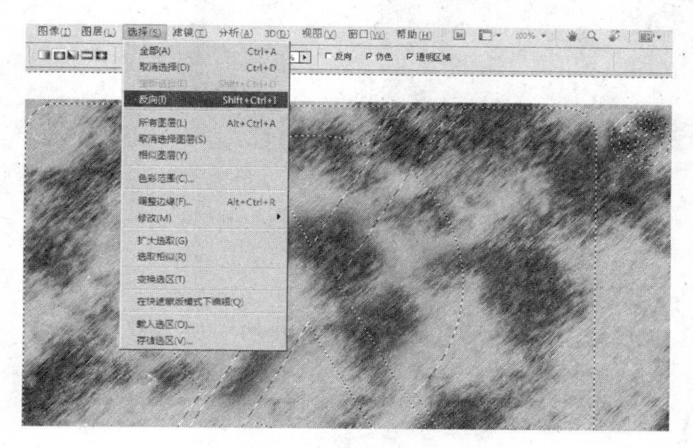

图 9-32　反选该选区

9.3　实验要求与提示

(1) 打开素材文件夹中的图像文件“花 1.jpg”，如图 9-33(a)所示，利用模糊滤镜与蒙版技术虚幻图像的背景，突出前景的花朵，处理完成的图像如图 9-33(b)所示。将处理完成后的图像以“花 1.psd”为文件名保存在本章结果文件夹中。

(a) 原始图像

(b) 添加滤镜与蒙版后的图像

图 9-33　用滤镜与蒙版处理图像

操作提示：

① 打开素材文件“花 1.jpg”，复制【背景】图层，在【背景层副本】上使用动感模糊滤镜。

② 在【背景层副本】上添加图层蒙版，在蒙版上填充白色，用【画笔工具】处理蒙版，完成图像的处理。

(2) 打开本章素材文件夹中的“练习 1.jpg”文件，如图 9-34(a)所示，用合适的滤镜工具处理图像，图像处理后的结果如图 9-34(b)所示，将结果文件用“练习 1.psd”为文件名保存在本章结果文件夹中。

(a) 原始图像

(b) 滤镜处理后的图像

图 9-34 效果风景图

操作提示：

请参考例 9.1 制作春夏秋冬风景画的方法，制作一张彩色铅笔风景图。

(3) 打开本章素材文件夹中的“风车.jpg”文件，如图 9-35(a)所示，用合适的滤镜工具处理图像，图像处理后的结果如图 9-35(b)所示，将结果文件用“风车.psd”为文件名保存在本章结果文件夹中。

(a) 原始图像

(b) 用滤镜处理后的图像效果

图 9-35 “风车”图像处理前、后示意图

操作提示：

① 打开素材文件“风车.jpg”，在【图层】调板中双击【背景】图层，将【背景】图层转换成【图层 0】。复制【图层 0】，得到【图层 0 副本】，并设置【图层 0 副本】图层的【混合模式】

为【叠加】。

② 选中【图层 0】，选择【滤镜】|【模糊】|【高斯模糊】命令，在【高斯模糊】对话框中设置【半径】为 5 像素。

③ 新建【图层 1】，将【前景色】与【背景色】分别设置为 R:240/G:140/B:240 和 R:190/G:230/B:120，选择【滤镜】|【渲染】|【云彩】命令，效果如图 9-36 所示。设置【图层 1】的图层【混合模式】为【颜色加深】，【不透明度】为 65%。

图 9-36 添加【云彩】滤镜示意图

④ 分别复制【图层 0】和【图层 0 副本】，得到【图层 0 副本 2】、【图层 0 副本 3】。在【图层】调板中选中【图层 0 副本 2】，选择【滤镜】|【模糊】|【动感模糊】命令，在【动感模糊】对话框中设置【角度】为 0 度，【距离】为 30 像素，并设置【图层 0 副本 2】的【混合模式】为【变暗】，如图 9-37 所示。

图 9-37 添加【动感模糊】滤镜示意图之一

⑤ 在【图层】调板中选中【图层 0 副本 3】，选择【滤镜】|【模糊】|【动感模糊】命令，在【动感模糊】对话框中设置【角度】为 90 度，【距离】为 30 像素，并设置【图层 0 副本 3】的【混合模式】为【叠加】，如图 9-38 所示。

图 9-38 添加【动感模糊】滤镜示意图之二

⑥ 选择【文件】|【新建】命令，设置新文件的【宽度】和【高度】分别为 6 像素，【分辨率】为 350 像素/英寸。按 Ctrl+【+】快捷键，放大文档，选择【矩形选框工具】，在工具选项栏中设置【样式】为【固定大小】，设置【宽度】和【高度】为 4 像素，在新文件左上角创建选区。设置【前景色】为 C：61/M：97/Y：94/K：58，按 Alt+Delete 快捷键填充颜色，并取消选择。选择【编辑】|【定义图案】命令，将其定义为图案，如图 9-39 所示。

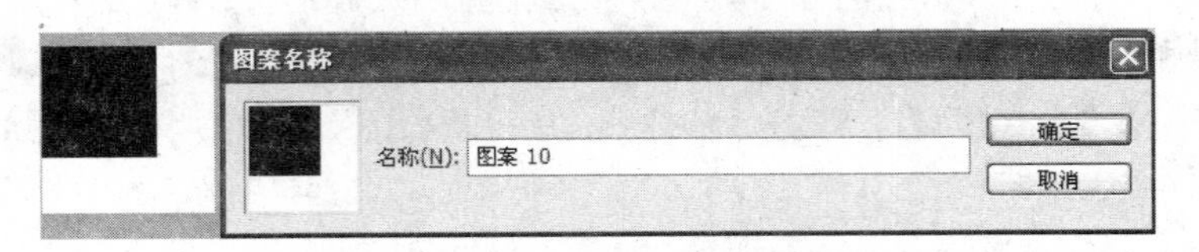

图 9-39 定义图案示意图

⑦ 切换到“风车.jpg”，新建图层。选中新建的【图层 2】，选择【编辑】|【填充】命令，将新定义的图案填充。设置【图层 2】的【混合模式】为【正片叠底】，【不透明度】为 40%。

⑧ 输入如图 9-35 所示的文字，【字体】为【华文行楷】，文字的大小、修饰可自定义。

(4) 制作如图 9-40 所示的绚丽背景的图像，图像文件用“绚丽.psd”为文件名保存在本章结果文件夹中。

操作提示：

① 新建文件，设置文件的【宽度】和【高度】为 10 厘米，【分辨率】为 350 像素/英寸，并将文件保存为“绚丽.psd”。双击【背景】图层，将其转换为【图层 0】，并填充黑色背景。

② 选择【滤镜】|【渲染】|【镜头光晕】命令，在【镜头光晕】对话框中设置参数，效果如图 9-41(a)所示，确认后的效果如图 9-41(b)所示。按 Ctrl+Alt+F 快捷键，重复执行【镜头光晕】命令，在【镜头光晕】对话框中调整光亮点，如图 9-41(c)所示。

图 9-40　绚丽背景的图像样张

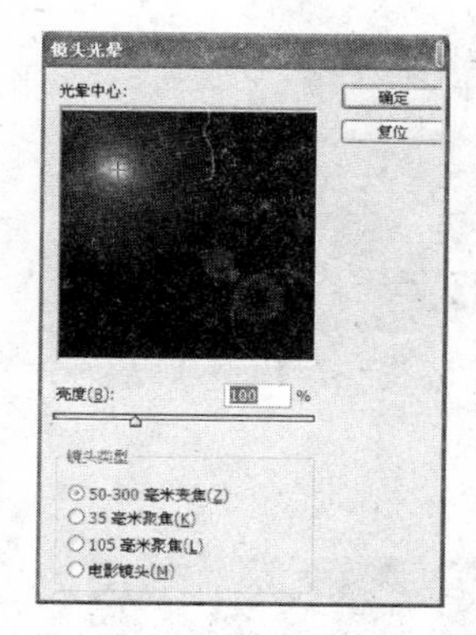

(a) 第一次作用【镜头光晕】滤镜

(b) 第一次作用【镜头光晕】滤镜后的效果

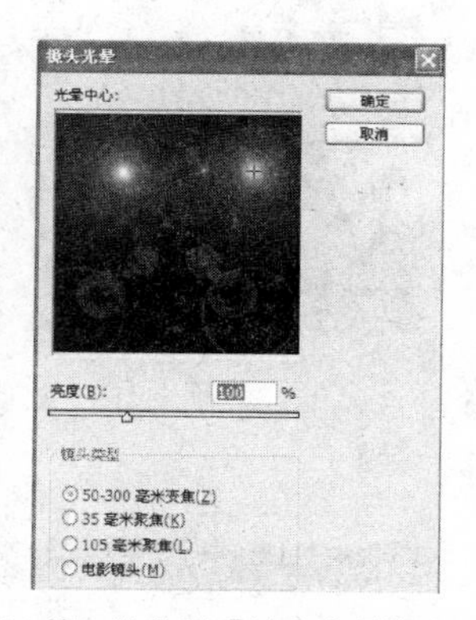

(c) 第二次作用【镜头光晕】滤镜

图 9-41　执行【镜头光晕】滤镜示意图

③ 重复按 Ctrl+Alt+F 快捷键，执行【镜头光晕】命令，在【镜头光晕】对话框中调整光亮点，最终效果如图 9-42 所示。

④ 选择【图像】|【调整】|【色相/饱和度】命令，在【色相/饱和度】对话框中设置【饱和度】的值为−100，其他参数默认，确认后的效果如图 9-43(a)所示。选择【滤镜】|【像素化】|【铜板雕刻】命令，在【铜板雕刻】对话框中设置【类型】为【中长描边】，效果如图 9-43(b)所示，确认后的效果如图 9-43(c)所示。

⑤ 选择【滤镜】|【模糊】|【径向模糊】命令，在【径向模糊】对话框中设置效果如图 9-44(a)所示的参数，确认后的效果如图 9-44(b)所示。按 Ctrl+Alt+F 快捷键，重复执行【径向模糊】命令，最后效果如图 9-44(c)所示。

⑥ 选择【图像】|【调整】|【色相/饱和度】命令，在【色相/饱和度】对话框中选中【着色】复选框，并设置如图 9-45(a)所示的参数，确认后的效果如图 9-45(b)所示。

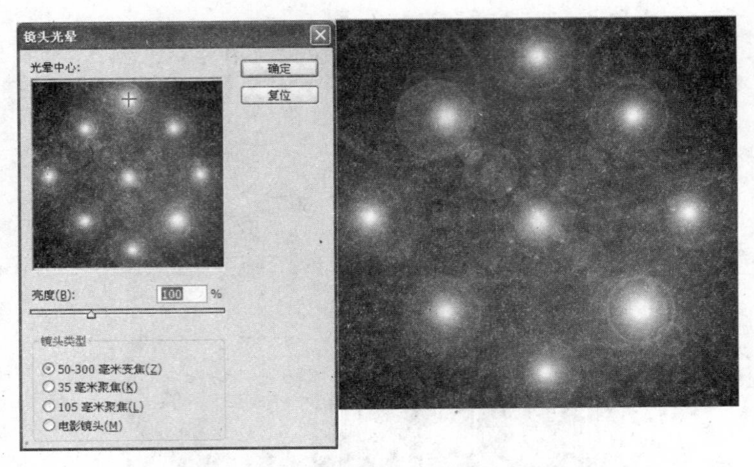

图 9-42　重复执行【镜头光晕】滤镜示意图

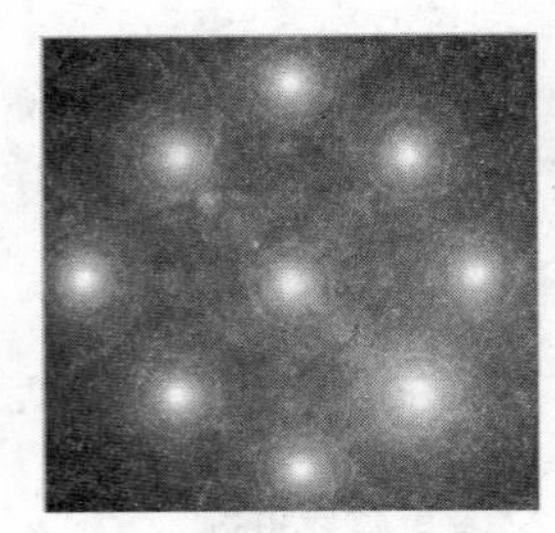

(a) 设置饱和度后的效果

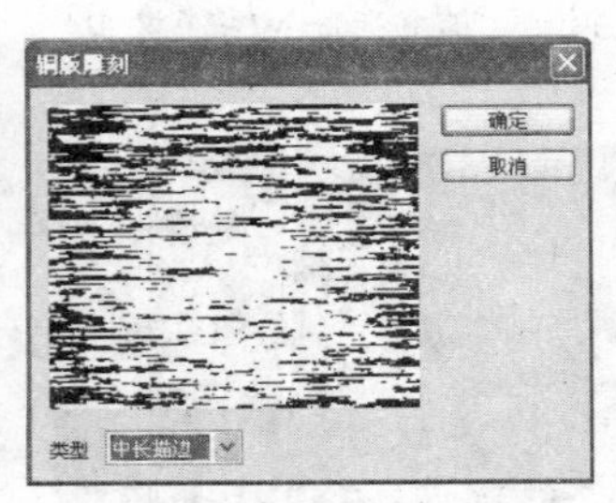

(b) 设置【铜版雕刻】滤镜

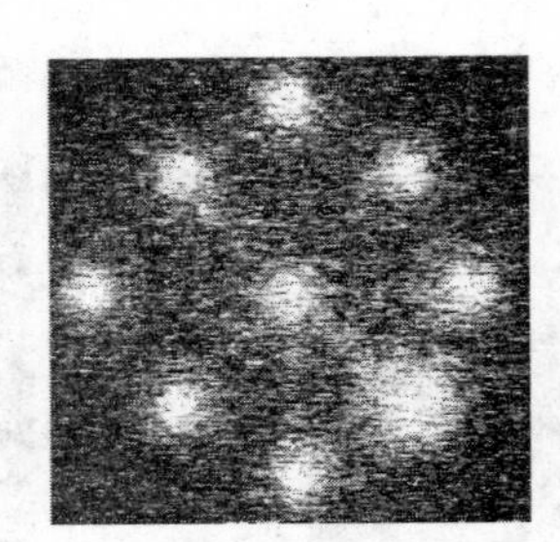

(b) 设置【铜版雕刻】滤镜后的效果

图 9-43　重复执行【铜板雕刻】滤镜示意图

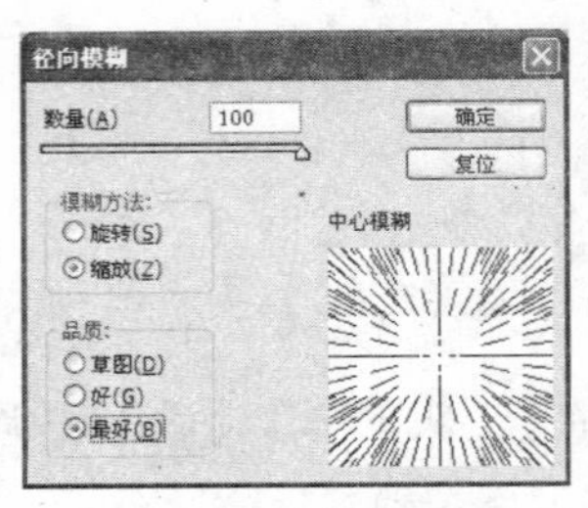

(a) 设置【径向模糊】滤镜

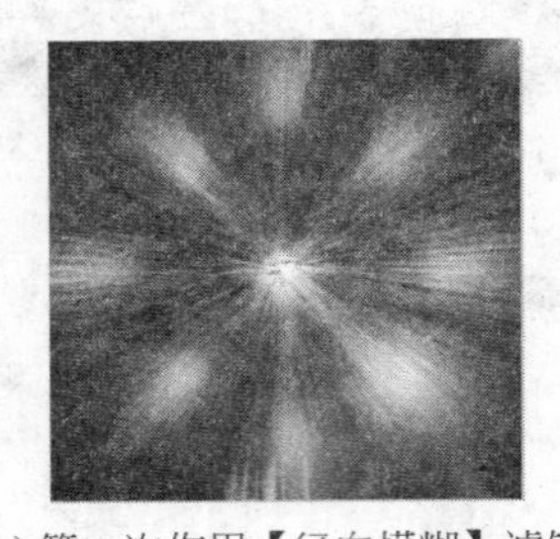

(b) 第一次作用【径向模糊】滤镜

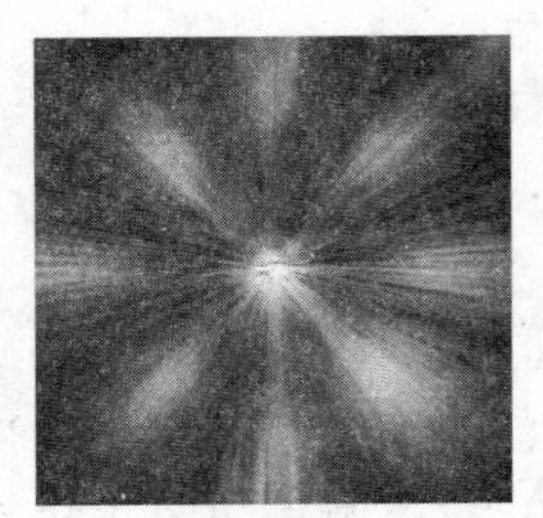

(b) 第二次作用【径向模糊】滤镜

图 9-44　执行【径向模糊】滤镜示意图

⑦ 在【图层】调板中复制【图层 0】，得到【图层 0 副本】，设置其【混合模式】为【变亮】。选中【图层 0 副本】，选择【滤镜】|【扭曲】|【旋转扭曲】命令，在【旋转扭曲】对话框中设置效果如图 9-46(a)所示的参数，确认后的效果如图 9-46(b)所示。

⑧ 在【图层】调板中复制【图层 0 副本】，得到【图层 0 副本 2】，按 Ctrl＋Alt＋F 快捷键，重复执行【旋转扭曲】命令，在【旋转扭曲】对话框中设置【角度】为－100，确认后的效果如图 9-46(c)所示。

⑨ 选中【图层 0 副本 2】，选择【滤镜】|【扭曲】|【波浪】命令，在【波浪】对话框中设置效

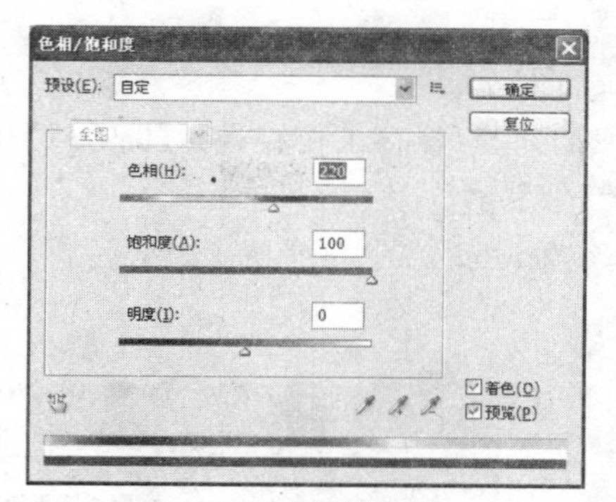

(a) 设置色相/饱和度

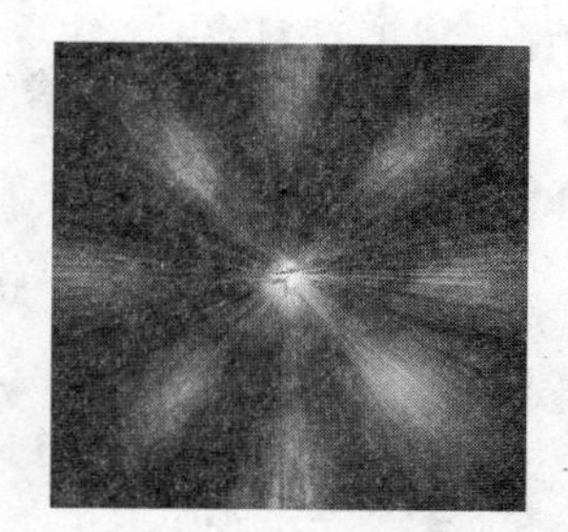

(b) 设置色相/饱和度后的效果

图 9-45　设置【色相/饱和度】示意图

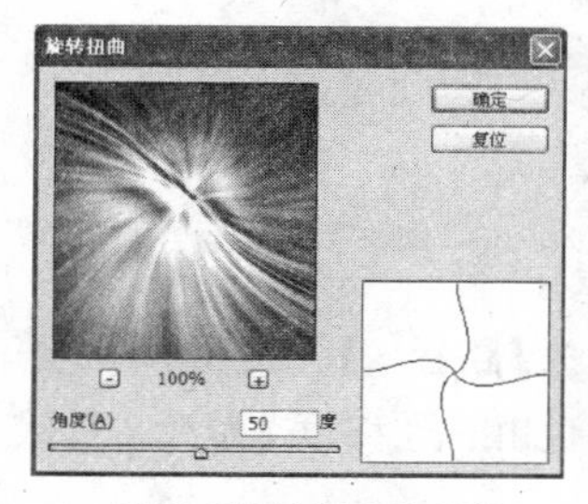

(a) 设置【旋转扭曲】滤镜

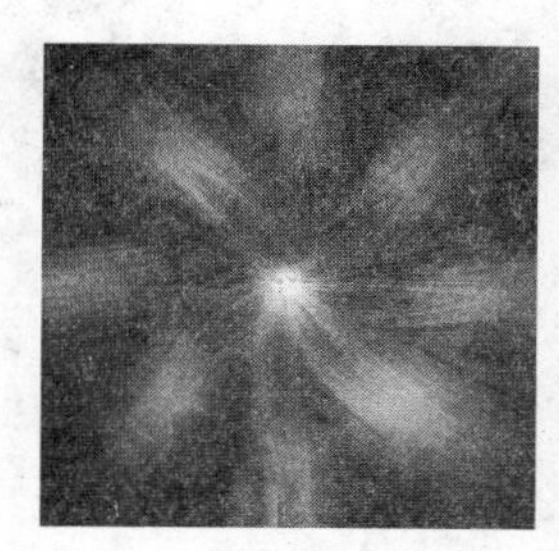

(b) 第一次作用【旋转扭曲】滤镜后的效果

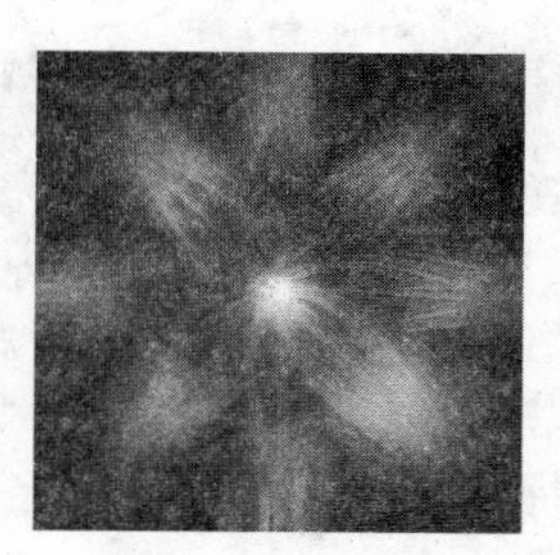

(c) 第二次作用【旋转扭曲】滤镜后的效果

图 9-46　执行【旋转扭曲】滤镜示意图

果如图 9-47(a)所示的参数，确认后的效果如图 9-47(b)所示。按 Ctrl＋J 快捷键，复制【图层 0 副本 2】，得到【图层 0 副本 3】。按 Ctrl＋T 快捷键，进行自由变换，右击鼠标，在快捷菜单中选择【旋转 90°(逆时针)】命令，确认后的效果如图 9-47(c)所示。

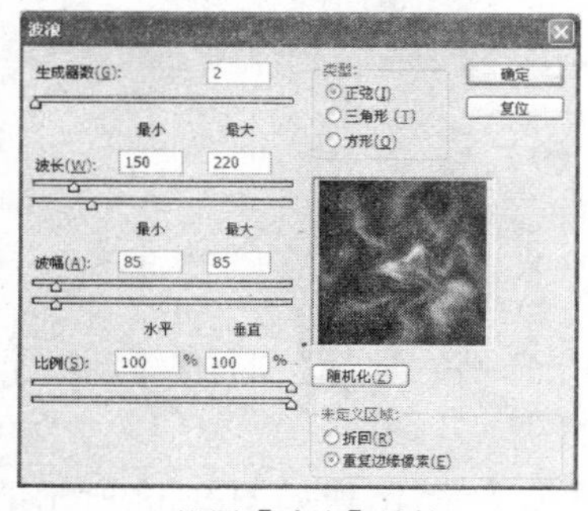

(a) 设置【波浪】滤镜

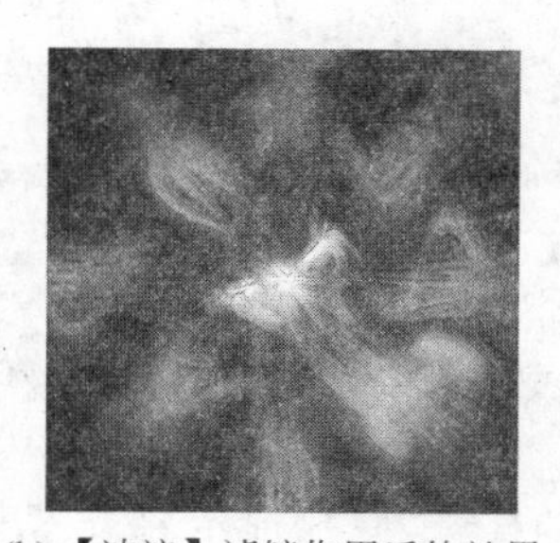

(b)【波浪】滤镜作用后的效果

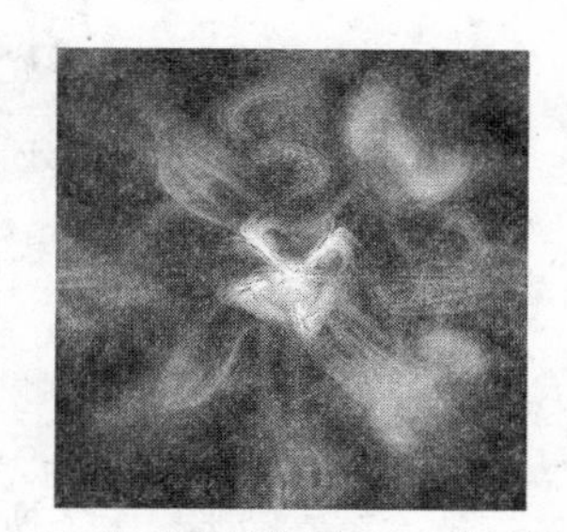

(c) 图像逆时针旋转90°后的效果

图 9-47　执行【波浪】滤镜示意图

⑩ 用文字工具输入如图 9-40 所示的文字后，保存结果文件。

(5) 参考如图 9-48 所示的样张，并按操作提示打开素材图像文件，制作如图 9-48 所示的图片，操作结果以“Girl. psd”为文件名保存在本章结果文件夹中。

操作提示：

① 打开本章素材文件夹中的“Girl.jpg”图像文件。

② 使用【钢笔工具】描出部分左右头发的路径，保存工作路径为【路径 1】和【路径 2】。右击该路径，选择快捷菜单中的【建立选区】命令。

③ 选择【滤镜】|【扭曲】|【水波】命令，参数设置如图 9-49 所示。

图 9-48　文件 Girl 的样张

图 9-49　【水波】滤镜的参数设置

④ 使用【钢笔工具】描出嘴唇的路径，保存工作路径为【路径 3】。右击该路径，选择快捷菜单中的【建立选区】命令。选择【图像】|【调整】|【色相/饱和度】命令，参数设置如图 9-50 所示。

图 9-50　设置嘴唇的【色相/饱和度】参数示意图

⑤ 使用【椭圆选框工具】，分别在两个瞳孔的位置建立选区。选择【图像】|【调整】|【色相/饱和度】命令，参数设置如图 9-51 所示。

(6) 参考如图 9-52 所示的样张，并按提示打开素材图像文件，制作如图 9-52 所示的图片，操作结果以“Light.psd”为文件名保存在本章结果文件夹中。

操作提示：

① 打开本章素材文件夹中的“Light.jpg”图像文件。

② 选择【滤镜】|【渲染】|【光照效果】命令，参数设置如图 9-53 所示。

③ 使用【椭圆选框工具】，建立选区。选择【滤镜】|【渲染】|【镜头光晕】命令，参数设

图 9-51　设置瞳孔的【色相/饱和度】参数示意图

图 9-52　文件 Light 的样张

置如图 9-54 所示。

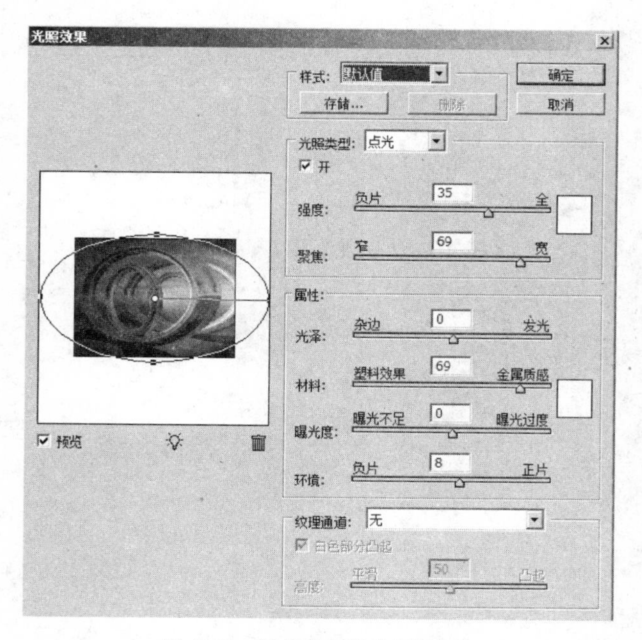

图 9-53　设置【光照效果】滤镜

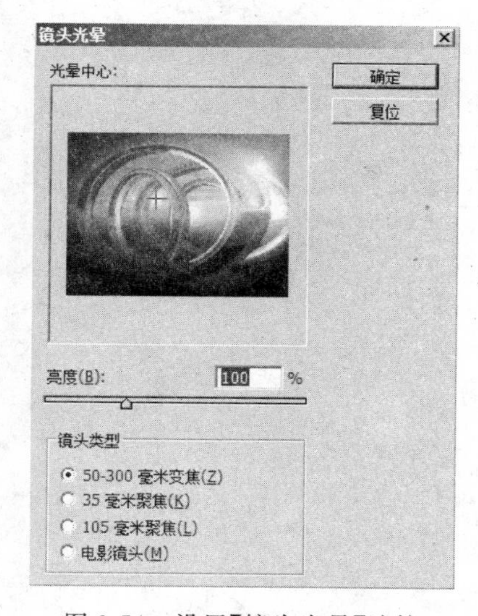

图 9-54　设置【镜头光晕】滤镜

④ 使用【椭圆选框工具】，建立如图 9-55 所示的选区。选择【图像】|【调整】|【亮度/对比度】命令，参数设置如图 9-55 所示。

(7) 参考如图 9-56 所示的样张，并按提示打开素材图像文件，制作如图 9-56 所示的图片，操作结果以“Falls. psd”为文件名保存在本章结果文件夹中。

操作提示：

① 打开本章素材文件夹中的“Falls. jpg”图像文件。

② 选择【滤镜】|【液化】命令，拖曳笔刷至合适的位置，参数设置如图 9-57 所示。

③ 选择【滤镜】|【模糊】|【镜像模糊】命令，参数设置如图 9-58 所示。

④ 选择【滤镜】|【扭曲】|【波浪】命令，参数设置如图 9-59 所示。

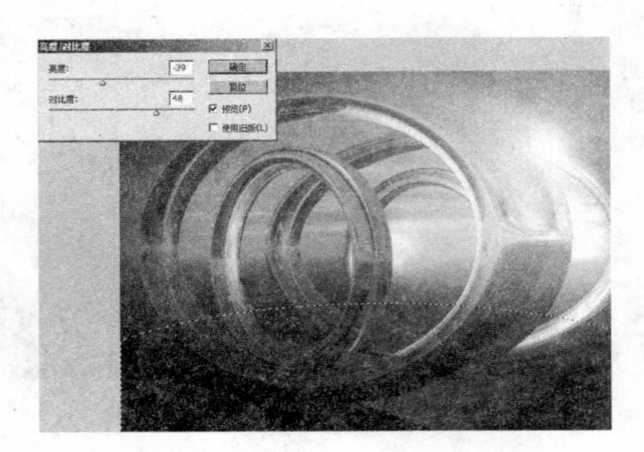

图 9-55　设置【亮度/对比度】参数

图 9-56　图像“Falls. psd”的样张

图 9-57　【液化】滤镜设置示意图

图 9-58　【镜像模糊】滤镜设置示意图

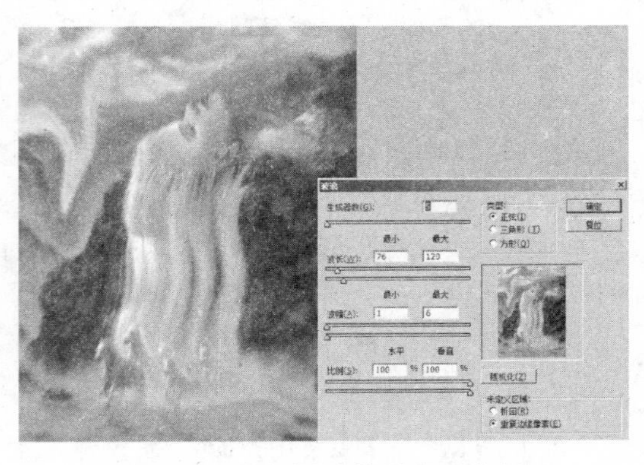

图 9-59　【波浪】滤镜设置示意图

9.4 课外思考与练习

1. 选择题

(1) 下列哪个滤镜可以使图像产生油画效果?( )

A.【染色玻璃】 B.【风格化】 C.【纹理化】 D.【浮雕效果】

(2) 使用下列哪个滤镜可以在图像上添加杂点?( )

A.【模糊】 B.【喷溅】 C.【铜板雕刻】 D.【烟灰墨】

(3) 使用下列哪个滤镜能够使图像的局部进行变形放大?( )

A.【消失点】 B.【液化】 C.【像素化】 D.【风格化】

(4) 下列哪个滤镜可以在空白图层中创建效果?( )

A.【云彩】 B.【分成云彩】 C.【扭曲】 D.【表面模糊】

(5) 下列哪个滤镜可以对图像进行柔化处理?( )

A.【素描】 B.【渲染】 C.【模糊】 D.【像素化】

(6) 下列哪个滤镜可以在图像上产生眩光效果?( )

A.【素描】 B.【渲染】 C.【镜头光晕】 D.【纹理】

(7) 下列哪个滤镜可以在图像上产生马赛克效果?( )

A.【像素化】 B.【渲染】 C.【颗粒】 D.【纹理】

(8) 关于文字图层执行滤镜效果的操作,下列哪些描述是不正确的?( )

A. 首先选择【图层】|【栅格化】|【文字】命令,然后选择滤镜命令

B. 右击文字图层,在快捷菜单中选择【转换为智能对象】命令,然后选择滤镜命令

C. 对文字图层选择滤镜命令后,在显示的栅格化对话框中单击【确认】按钮

D. 必须使得这些文字变成选择状态,然后选择一个滤镜命令

(9) 在对一幅人物图像执行了【模糊】、【杂点】等多个滤镜效果后,如果想恢复人物图像中的局部,如脸部的原来样貌,下面可行的方法是哪个?( )

A. 采用【仿制图章工具】

B. 配合【历史记录】调板使用【橡皮工具】

C. 配合【历史记录】调板使用【历史记录画笔工具】

D. 多次选择【编辑】|【后退一步】命令

2. 填空题

(1) Photoshop CS4 的滤镜分为________滤镜和外挂滤镜两种,外挂滤镜是________公司提供的滤镜。

(2) 执行了一次滤镜命令后,如果要再次重复执行该滤镜,可使用快捷键________。

(3) 滤镜处理的图像是以________为单位的,故其处理图像的效果与________有关。

相同的滤镜参数处理不同分辨率的图像，其效果________。

(4)【扭曲】滤镜可以将图像进行几何扭曲，还可以创建比较特殊的________变形效果。

(5)【杂色】滤镜可以创建图像的特殊纹理效果或用来________。

(6)【锐化】滤镜通过增加图像相邻像素的对比度来________模糊的图像，使得图像变得更清晰。

(7)【液化】滤镜可以对图像进行液化处理，使图像产生________等效果。

(8)【转换为智能】滤镜是 Photoshop CS4 新增的滤镜，它除了可以直接为图像添加滤镜效果之外，还可以将图像转换为________，然后对其添加滤镜。

3. 思考题

(1) 如果需要为图片添加模糊和缩放效果应该使用何种滤镜？

(2) 可否为同一张图片添加多个滤镜，或者滤镜效果可否叠加？

(3) 是否可以直接为文字添加滤镜？

(4) 第 3 方滤镜可以做些什么？如何添加第 3 方滤镜？

第10章 网络图像与图像自动处理

10.1 实验目的

(1) 掌握优化与处理网络图像的方法。

(2) 掌握动画的创建与应用。

(3)了解【动作】调板与图像自动化处理的方法。

10.2 典型范例分析与解答

例 10.1 制作个性主页,如图 10-1 所示。

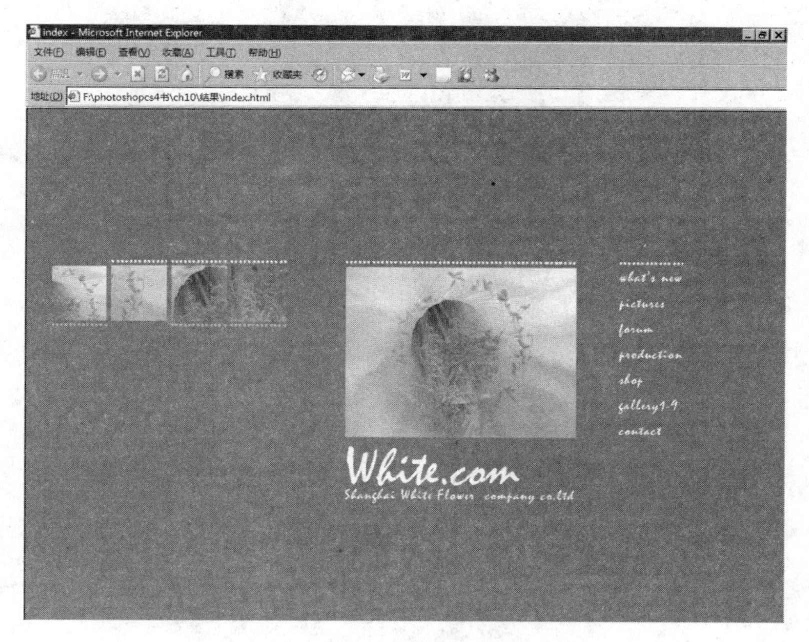

图 10-1 个性主页的样张

制作要求:

(1) 打开本章素材文件夹中的"index.jpg"文件,打开标尺,并放大视图,使用【移动工具】将参考线置于画面花朵图片的位置。再次使用【移动工具】将参考线置于画面中间花朵图片和文字的位置。

(2) 用【切片工具】在已经设置好参考线的图片上切割，先为图片左侧的 4 张图做切片，再使用【切片工具】为画面右侧主体图片和文字做切片。

(3) 选择【文件】|【存储为 Web 和设备所用格式】命令，设置图片格式为 jpg，选择存储格式为 html 和图像。

(4) 将结果文件夹中的“index. html”文件打开，浏览该文件。

制作分析：

本例的难点在于：使用【移动工具】将辅助线放在合适切割的位置将画面分开，使用【切片工具】切割画面，输出成网页与图片。

操作步骤：

(1) 打开本章素材文件夹中的“index. jpg”文件，按 Ctrl＋R 快捷键，打开标尺，并在工具箱中选择【移动工具】，按快捷键 Ctrl＋【＋】，放大视图，使用【移动工具】将参考线置于画面花朵图片的位置，如图 10-2 所示。再次使用【移动工具】将参考线置于画面中间花朵图片和文字的位置，如图 10-3 所示。

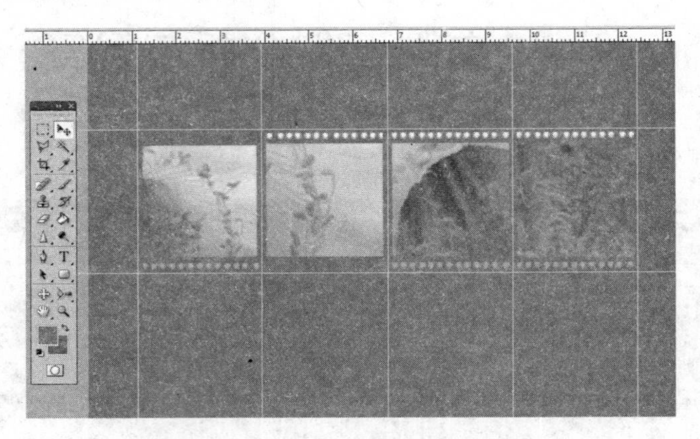

图 10-2　显示标尺并设置参考线

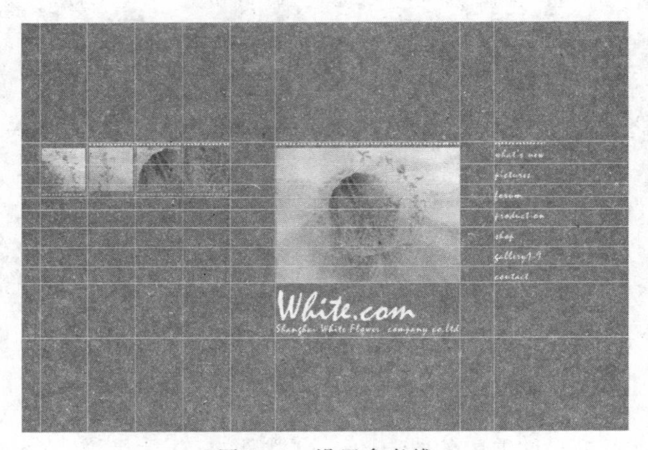

图 10-3　设置参考线

(2) 在工具箱中选择【切片工具】，在已经设置好参考线的图片上切割，先为图片左侧的 4 张图做切片，如图 10-4 所示，再使用【切片工具】为画面右侧主体图片和文字做切片，如图 10-5 所示。

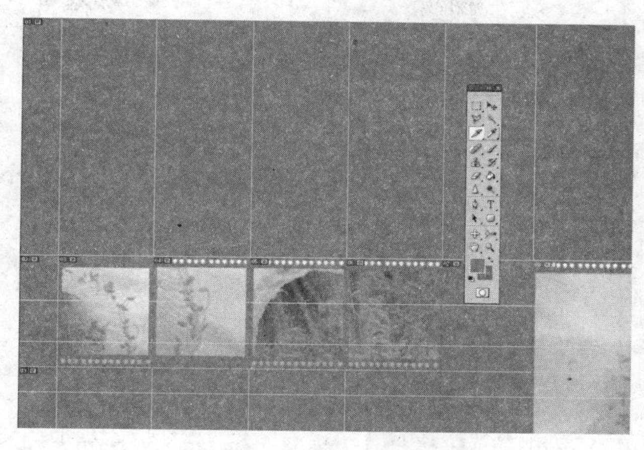

图 10-4　为图片左侧做切片

图 10-5　为图片右侧的主体图片和文字做切片

(3) 选择【文件】|【存储为 Web 和设备所用格式】命令，设置图片格式为 jpg，参数如图 10-6 所示。选择存储，格式为 html 和图像，如图 10-7 所示。

(4) 将结果文件夹中的"index. html"文件打开，效果如图 10-1 所示。

例 10.2　按照如图 10-8 所示的样张，制作活动的海宝，并存另文件名为"海宝. gif"。

制作要求：

(1) 新建【宽度】为 800 像素，【高度】为 800 像素的文件，并以"海宝. psd"为文件名保存在本章结果文件夹中。

(2) 打开本章素材文件夹中的"haibao1. jpg"～"haibao6. jpg"共 6 个文件，利用【动画】调板制作逐帧动画文件，共制作 6 个延时为 1 秒的关键帧。

(3) 设置动画循环次数为【永远】，单击【播放】按钮，播放该逐帧动画。将图像文件的

图 10-6　存储为 Web 所用图片格式和优化图片

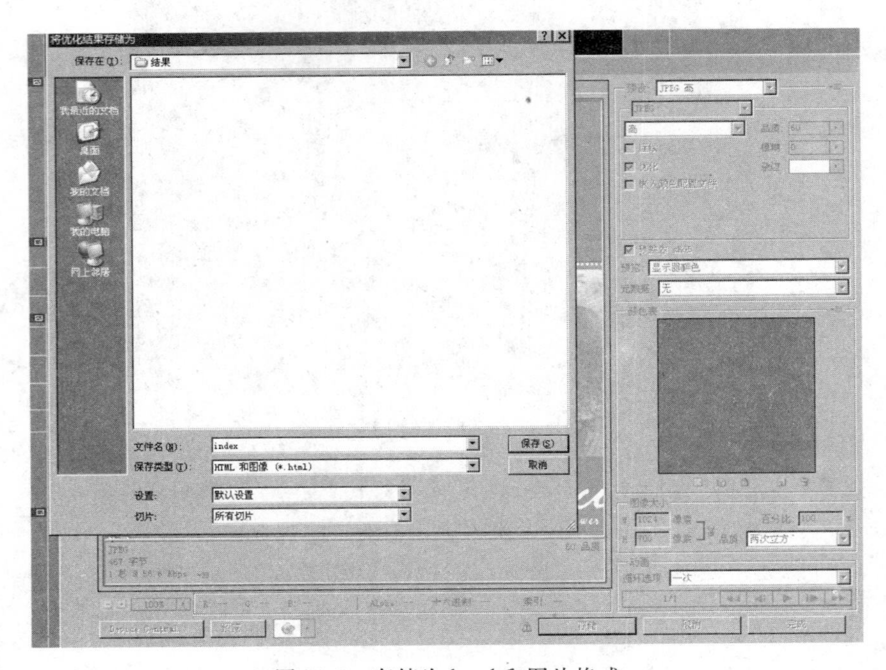

图 10-7　存储为 html 和图片格式

格式设置为 gif，将动画文件保存为“海宝. gif”和“海宝. psd”。

制作分析：

(1) 选择“haibao1. jpg”文件，使用【魔棒工具】在白色区域单击，并选择【选择】|【反向】命令，将海宝选中，并将海宝图片复制到“海宝. psd”图片中。

(2) 使用同样的方法把其他 5 张海宝图片也【拷贝】、【粘贴】到“海宝. psd”文件中。

(3) 选择【窗口】|【动画】命令，此时在【动画】面板中已经有一个关键帧，将【图层 2】、【图层 3】、【图层 4】、【图层 5】、【图层 6】的图层可见性关闭，设置关键帧的【帧延时】为 1 秒。

(4) 复制一个关键帧。在【图层】面板中将【图层 2】的图层可见性打开。再使用同样的方法，复制一个关键帧，把【图层 3】的图层可见性打开，再多次复制并打开 6 个图层，共制作 6 个延时为 1 秒的关键帧。

(5) 设置动画循环次数为【永远】，单击【播放】按钮，此时的动画便是逐帧动画，选择【文件】|【储存为 Web 和设备所用格式】命令，打开【储存为 Web 和设备所用格式】对话框，设置图像文件格式为 gif，将动画保存为“海宝. gif”和“海宝. psd”。

图 10-8　海宝的样张

本例的难点在于：使用【动画】面板制作关键帧。

操作步骤：

(1) 选择【文件】|【新建】命令，新建文件，文件名为“海宝”，文件【宽度】为 800 像素，【高度】为 800 像素，如图 10-9 所示，并将该文件以“海宝. psd”为文件名保存在本章结果文件夹中。选择【文件】|【打开】命令，打开本章素材文件夹中的“haibao1. jpg”～“haibao6. jpg”共 6 个文件。

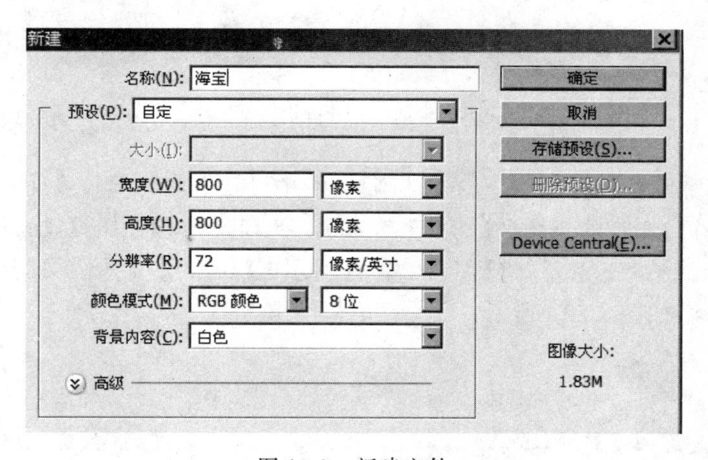

图 10-9　新建文件

(2) 在工具箱中选择【魔棒工具】，选择“haibao1. jpg”文件，使用【魔棒工具】在白色背景区域单击，并选择【选择】|【反向】命令，将海宝选中，如图 10-10 所示。

选择【编辑】|【拷贝】命令，再切换到“海宝. psd”图片中，选择【编辑】|【粘贴】命令，将 haibao1 图片复制到“海宝. psd”中，如图 10-11 所示。

(3) 使用同样的方法把其他 5 张海宝图片也【拷贝】、【粘贴】到“海宝. psd”文件中，如图 10-12 和图 10-13 所示。

图 10-10　在 haibao1 图片中选择海宝

图 10-11　复制 haibao1 图片

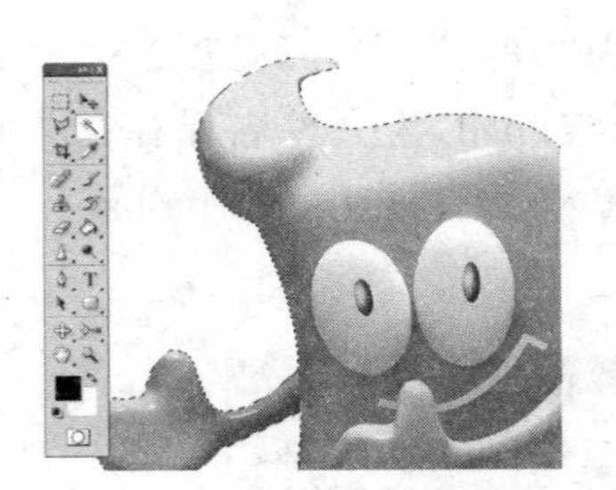

图 10-12　在图片 haibao6 中选择海宝

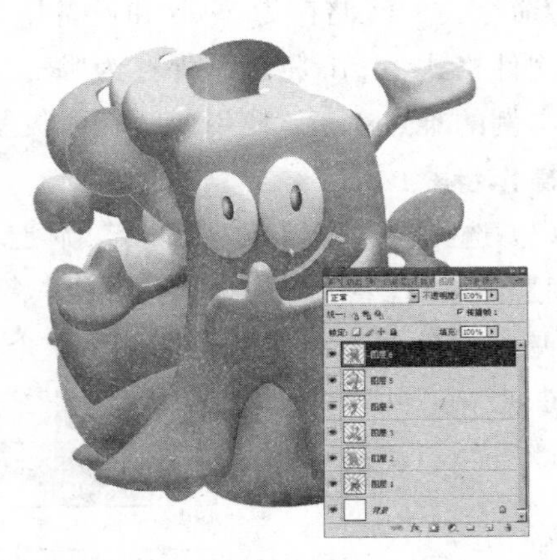

图 10-13　复制 6 张图片到“海宝.psd”文件中

（4）选择【窗口】|【动画】命令，在【动画】调板中设置动画时间长度为 6 秒，如图 10-14 所示。单击【动画】调板右下角的【切换】按钮。切换到【动画】按钮，【动画】调板中已经有一个关键帧，如图 10-15 所示，将【图层 2】～【图层 6】的图层可见性关闭，设置关键帧的【帧延时】为 1 秒，如图 10-16 所示。

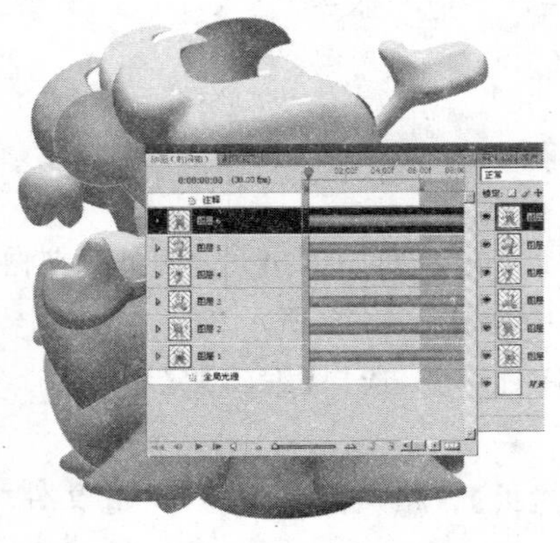

图 10-14　设置动画时间长度为 6 秒

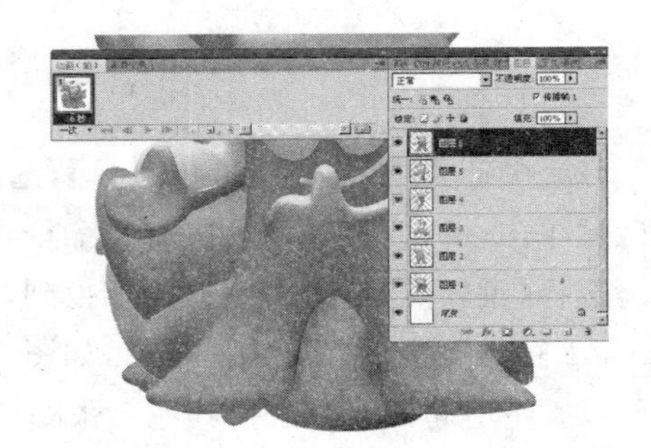

图 10-15　切换到【动画】按钮

(5) 单击【动画】调板底部的【复制帧】按钮，复制一个关键帧。在【图层】面板中将【图层 2】的图层可见性打开，如图 10-17 所示。再使用同样的方法，复制一个关键帧，把【图层 3】的图层可见性打开，再多次复制并打开 6 个图层，共制作 6 个延时为 1 秒的关键帧，如图 10-18 所示。

图 10-16　设置第一个关键帧为延时 1 秒

图 10-17　复制一个关键帧并打开【图层 2】可见性

(6) 设置动画循环次数为【永远】，如图 10-19 所示。单击【播放】按钮，此时的动画便是逐帧动画，选择【文件】|【储存为 Web 和设备所用格式】命令，打开【储存为 Web 和设备所用格式】对话框，设置图像文件格式为 gif，将动画保存为"海宝. gif"和"海宝. psd"，如图 10-20 所示。

图 10-18　复制 6 个延时为 1 秒的关键帧

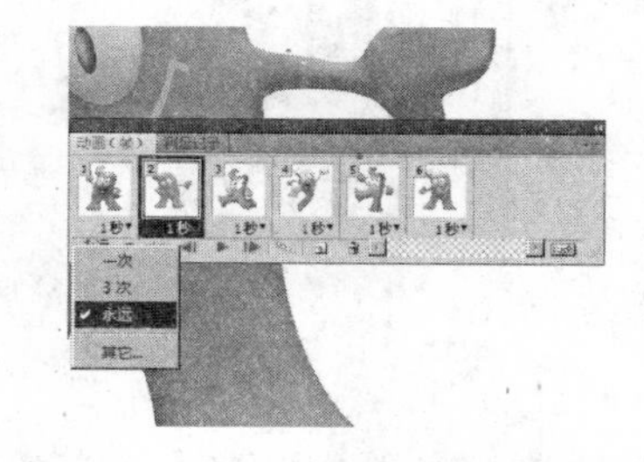

图 10-19　设置循环次数为【永远】

(7) 完成制作后，打开"海宝. gif"观看动画效果。

例 10.3　按照如图 10-21 所示的样张，制作带镜框的石狮子像，并另存文件名为"石狮. psd"。

制作要求：

(1) 将如图 10-22 所示的"石狮像. jpg"文件的画布【宽度】设为 500 像素，【高度】不变，并适当调整图片的色阶，将石狮像背景调整为白色。

(2) 在【动作】调板中选择【棕褐色调(图层)】，选择【播放】将图片变成棕褐色调。

(3) 选择【动作】调板中的【木质镜框】，单击调板下部的【播放】按钮，并单击【继续】按钮。

图 10-20　复制 6 个延时为 1 秒的关键帧

图 10-21　石狮像的样张

图 10-22　“石狮像.jpg”文件

(4) 在工具箱中选择【直排文字工具】,在工具选项栏中设置文字字体为【隶书】,大小为 40 像素,颜色为灰色,并输入“石狮像”字样。设置文字图层的样式为【斜面和浮雕】。

(5) 制作完成后,以“石狮像.psd”为文件名保存在本章结果文件夹中。

制作分析:

(1) 打开本章素材文件夹中的“石狮像.jpg”文件,如图 10-22 所示。选择【图像】|【画布大小】命令,设置画布合适的【宽度】和【高度】。选择【图像】|【调整】|【色阶】命令,适当调整图片的色阶,将石狮像背景调整为白色。

(2) 用【多边形套索工具】在石狮像的底部建立选区,选择黑色的墙面和白色的石狮子底座,并删除该选区。

(3) 选择【窗口】|【动作】命令，打开【动作】调板，选择【棕褐色调(图层)】，选择【播放】将图片变成棕褐色调。

(4) 选择【动作】调板中的【木质镜框】，单击调板下部的【播放】按钮，并单击【继续】按钮。

(5) 在工具箱中选择【直排文字工具】，在工具选项栏中设置文字字体为【隶书】，大小为 40 像素，颜色为灰色，并输入"石狮像"字样。设置文字图层的样式为【斜面和浮雕】。

在制作石狮像的时候，首先要调整图片的色阶，将背景调为白色，如图无法调成纯白色，则要使用【橡皮擦工具】将细节部分擦干净，以保持背景的纯白。

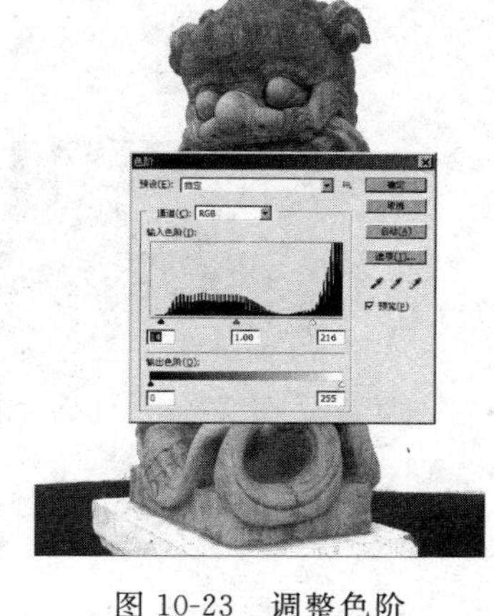

图 10-23　调整色阶

操作步骤：

(1) 选择【文件】|【打开】命令，打开本章素材文件夹中的"石狮像.jpg"文件，如图 10-22 所示。选择【图像】|【调整】|【色阶】命令，适当调整图片的色阶，将石狮像背景调整为白色，如图 10-23 所示。

(2) 在工具箱中选择【多边形套索工具】，在石狮像的底部建立选区，选择黑色的墙面和白色的石狮子底座，如图 10-24 所示。按 Delete 键删除该选区，如图 10-25 所示。

图 10-24　建立选区

图 10-25　删除选区内容

(3) 选择【图像】|【画布大小】命令，设置画布【宽度】为 500 像素，【高度】不变，并确认，单击【继续】按钮，如图 10-26 所示。

选择【窗口】|【动作】命令，打开【动作】调板，如图 10-27 所示。选择【棕褐色调(图层)】，单击动作面板下部的【播放】按钮，将图片变成棕褐色调，如图 10-28 所示。

(4) 选择【动作】调板中的【木质镜框】，单击面板下部的【播放】按钮，并单击【继续】按钮，如图 10-29 所示。产生的效果如图 10-30 所示。

(5) 在工具箱中选择【直排文字工具】，在工具选项栏中设置文字字体为【隶书】，大小为 24 点，颜色

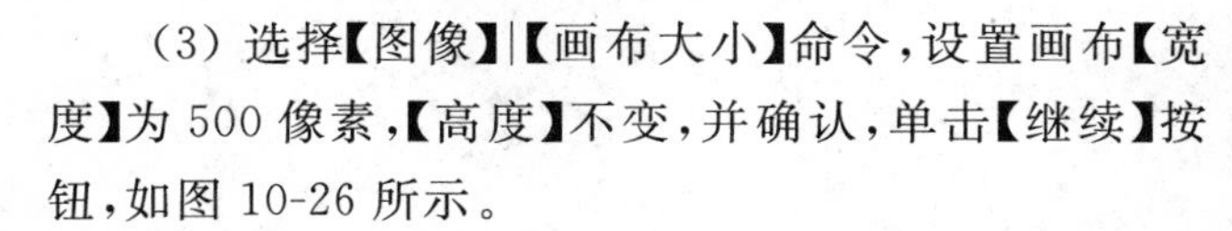

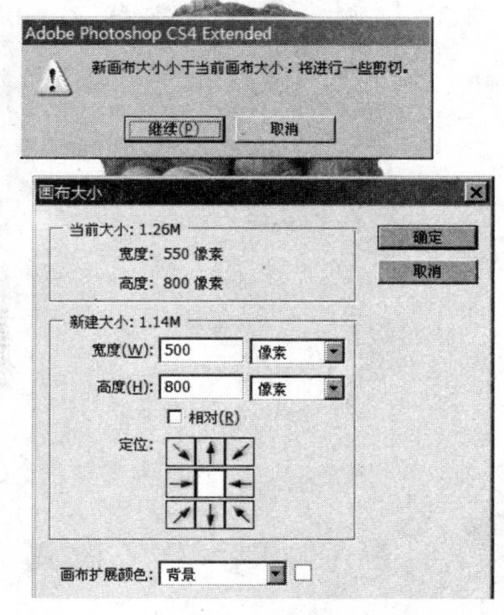

图 10-26　设置画布大小

为 R:171,G:156,B:143,输入“石狮像”字样,参数如图 10-31 所示。设置文字图层的样式为【斜面和浮雕】,参数如图 10-32 所示。

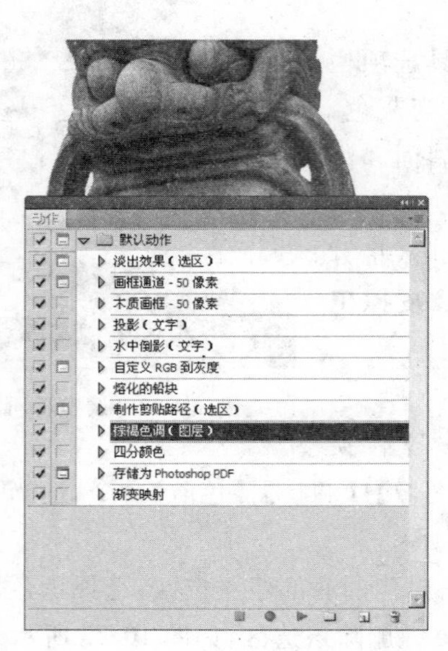

图 10-27　打开【动作】调板

图 10-28　单击【播放】按钮

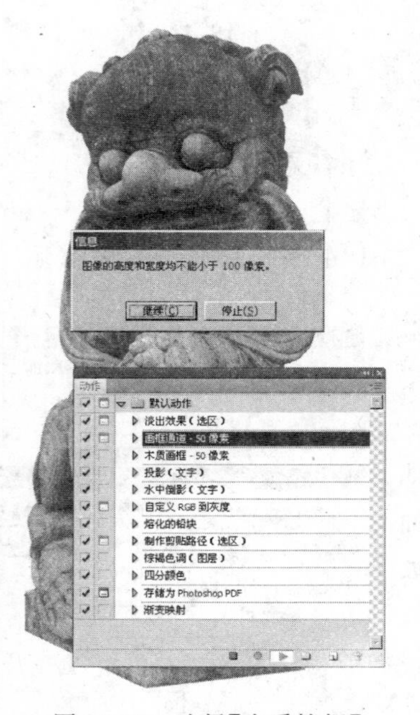

图 10-29　选择【木质镜框】

图 10-30　木质镜框效果

(6) 制作完成后,以“石狮像.psd”为文件名保存在本章结果文件夹中。

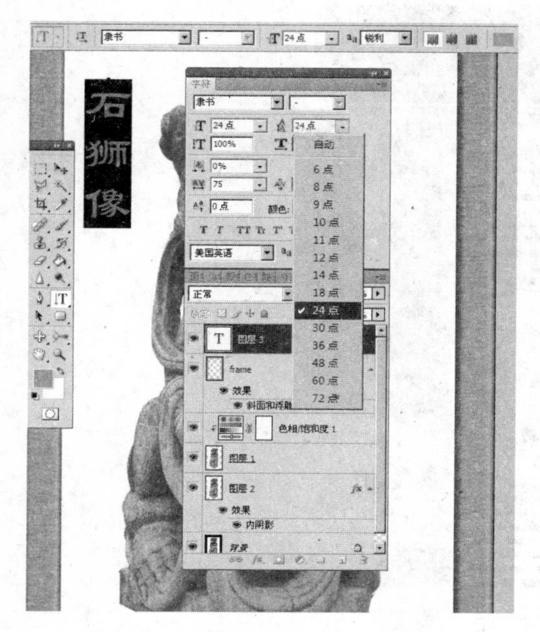

图 10-31　输入直排文字“石狮像”

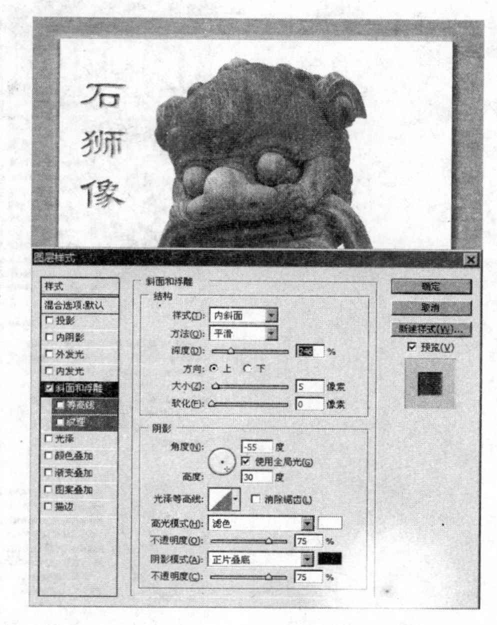

图 10-32　设置文字的图层模式为【斜面和浮雕】

10.3　实验要求与提示

(1) 利用本章素材文件夹中如图 10-33 所示的图像文件“iFashion.jpg”，制作符合要求的网页文件“iFashion.html”。

制作要求：

① 打开本章素材文件夹中的“iFashion.jpg”文件，打开标尺，并放大视图，使用【移动工具】设置如图 10-34 所示的参考线。

② 用【切片工具】在已经设置好参考线的图片上添加切片，先为左上角的人像图片添加切片，并在【切片选项】对话框中设置 URL 为 http://www.rayli.com.cn/；【目标】为_blank；【信息文本】为“瑞丽女性网，女性时尚的网站”；【Alt 标记】为“瑞丽女性网”。

③ 为右上角的人像图片添加切片，并在【切片选项】对话框中设置 URL 为 mailto:xxx@hotmail.com；【目标】为_blank；【Alt 标记】为“请联系我”。

④ 选择【文件】|【存储为 Web 和设备所用格式】命令，设置图片格式为 jpg。选择存储格式为 html 和图像，保存网页与图像文件。

⑤ 将结果文件夹中的“iFashion.html”文件打开，浏览该文件。

操作提示：

用【切片工具】在图像上添加好切片后，双击该切片，在【切片选项】对话框中完成切片的设置，或者右击该切片，在快捷菜单中选择【编辑切片】命令，然后在【切片选项】对话框中完成切片的设置。具体操作参考例 10.1。

图 10-33　素材图像文件“iFashion. jpg”

图 10-34　设置参考线示意图

（2）利用本章素材文件夹中的“flower1.jpg”和“flower2.jpg”文件，如图 10-35 和图 10-36 所示，并参考如图 10-37 所示的网页效果图，综合使用各种工具和方法制作个性化主页 index2.html。在网页左侧小图像和右侧文字上添加切片与超链接。

图 10-35　原始图 flower1

图 10-36　原始图 flower2

图 10-37　网页效果图

操作提示：

制作过程参考例 10.1。

（3）用本章素材文件夹中的图像“f-1.gif”、“f-2.gif”、“f-3.gif”、“f-4.gif”创建 3 段过渡动画，每段过渡动画各有两个过渡帧，过渡帧帧延时为 0.1 秒，关键帧的延时为 1 秒，将动画保存为“花.gif”和“花.psd”。

操作提示：

① 新建【宽度】和【高度】各为 400 像素的文档，打开图像文件“f-1.gif”、“f-2.gif”、“f-3.gif”、“f-4.gif”，用【魔棒工具】分别选中这些图像的背景，反选后选中花朵的像素，按 Ctrl＋C 快捷键将其复制。切换到新建的文档窗口，按 Ctrl＋V 快捷键分别将粘贴到当前窗口中。

② 打开【动画】调板，此时可见【动画】调板中已经有 1 个关键帧，将其【帧延时】设置为 1 秒。打开【图层】调板，可见【图层】调板中已经有 4 个图层。

③ 单击【动画】调板底部【复制帧】按钮，复制 3 个关键帧。【动画】调板和【图层】调板如图 10-38 所示。

④ 选中第 1 帧，设置显示【图层 1】，隐藏其他图层；选中第 2 帧，设置显示【图层 2】，隐藏其他图层；选中第 3 帧，设置显示【图层 3】，隐藏其他图层；选中第 4 帧，设置显示【图层 4】，隐藏其他图层。单击【播放】按钮，此时的动画便是逐帧动画。选择【文件】|【储存

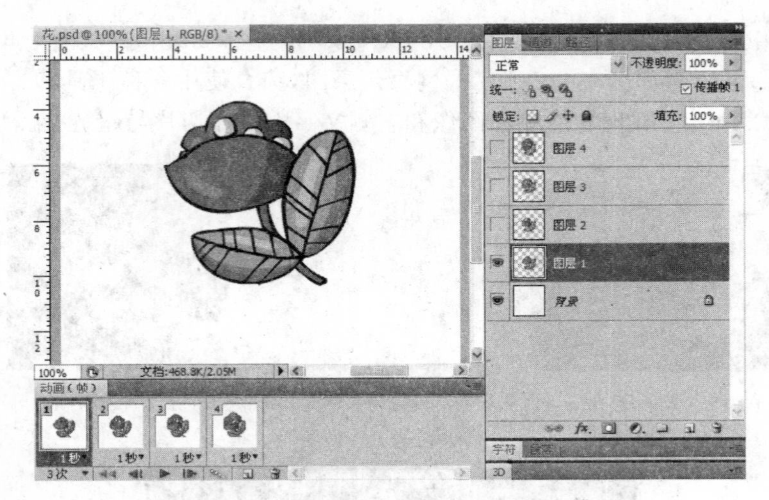

图 10-38　制作“花(逐帧).gif”示意图

为 Web 和设备所用格式】命令,打开【储存为 Web 和设备所用格式】对话框,设置图像文件格式为 gif,将动画保存为“花(逐帧).gif”和“花(逐帧).psd”。

⑤ 选中第 1 帧,单击【动画】调板中的【过渡设置】按钮,此时系统会自动弹出【过渡】对话框,添加两个过渡帧,单击【确定】按钮便可创建过渡动画。再将第 1 帧的过渡帧的【帧延时】改为 0.1 秒。用同样的方法创建其他关键帧的过渡帧,如图 10-39 所示。

⑥ 预览动画后,将其保存为“花.gif”和“花.psd”。

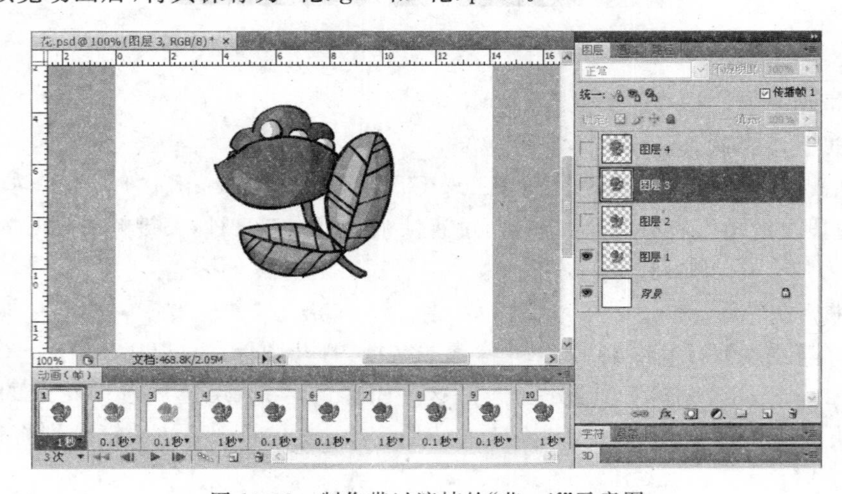

图 10-39　制作带过渡帧的“花.gif”示意图

(4) 对本章素材文件夹下的 photo 子文件夹中的图像做批处理,处理以后的图像文件保存在本章结果文件夹下的 result 子文件夹中。

操作要求:

(1) 建立名为“修饰、调整图像”的动作,该动作包括打开图像文件、选择【图像】|【自动色调】命令、【图像】|【自动对比度】命令、【图像】|【自动颜色】命令。

(2) 在名为“修饰、调整图像”的动作中,对图像增加如图 10-40 所示的边框线。

(3) 在名为“修饰、调整图像”的动作中，按“photo＋序号＋.jpg”的方式设置修饰以后保存的图像文件名。

(4) 选择【文件】|【自动】|【批处理】命令，用新建的“修饰、调整图像”的动作对本章素材文件夹下的 photo 子文件夹中的图像做批处理，处理以后的图像文件保存在本章结果文件夹下的 result 子文件夹中。

操作提示：

(1) 选择【窗口】|【动作】命令，打开【动作】调板，按照题目要求创建新的名为“修饰、调整图像”的动作，如图 10-40 所示。

图 10-40　新建“修饰、调整图像”的动作示意图

(2) 选择【文件】|【自动】|【批处理】命令，用“修饰、调整图像”的动作对本章素材文件夹下的 photo 子文件夹中的图像做批处理，处理完成后按照题目要求保存图像文件，参数设置如图 10-41 所示。

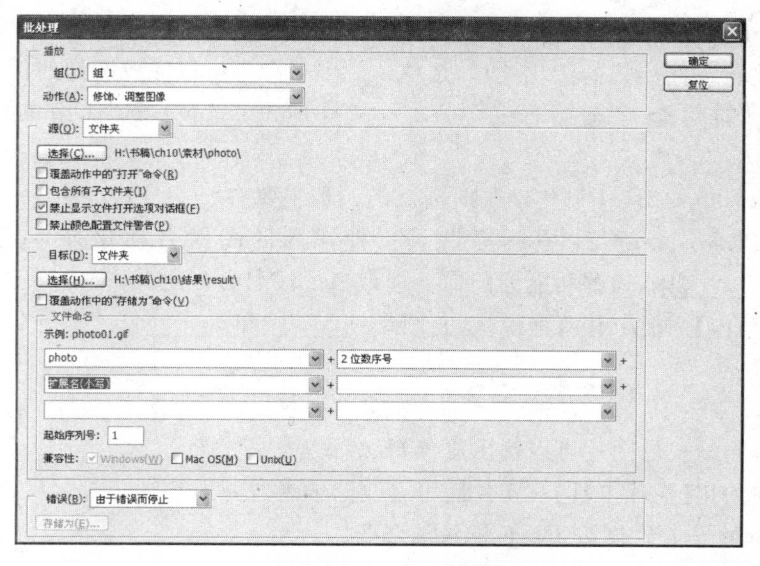

图 10-41　批处理参数设置示意图

10.4 课外思考与练习

1. 选择题

(1) 在使用过渡功能制作动画时,不能实现下列哪项功能?(　　)

A. 可以实现层中图像的大小变化　　B. 可以实现层中透明程度的变化

C. 可以实现层效果的过渡变化　　D. 可以实现层中图像位置的变化

(2) 下列不属于 Web 图像文件格式的是哪项?(　　)

A. Jpeg　　B. PNG　　C. GIF　　D. BMP

(3) Photoshop CS4 不能创建下列哪种动画?(　　)

A. 抽象动画　　B. 过渡动画

C. 渐变动画　　D. 逐帧动画

(4) 下列哪个工具能在图像上创建超链接?(　　)

A. 热点工具　　B. 切片选择工具

C. 锚点工具　　D. 链接工具

(5) 下列关于动作的描述哪些是正确的?(　　)

A. 所谓动作就是对单个或一批文件回放一系列已经记录的命令

B. 大多数命令和工具操作都能记录在动作中

C. 所有的操作都能记录在【动作】调板中,包括鼠标移动操作

D. 在播放动作的过程中,随时可在对话框中输入数值

2. 填空题

(1) 用于网络上传输的图像,既要保留图像原有的色彩又要使其尽量少占空间,所以就要对图像进行不同格式的优化处理,选择________命令可以完成图像的优化处理。

(2) 动画的每个静态画面称为________,Photoshop CS4 常用的动画种类有________、________。

(3) Photoshop CS4 中制作动画时涉及的调板主要有________、________。

(4) 在 Photoshop CS4 中还提供了几种常用的图像自动化处理,如________、________、________等,这些功能为图像处理带来了很大的方便。

(5) 在【动作】调板中有两种模式,它们是________和________。

3. 思考题

(1) 有哪些格式的图片可以输出成 Web 格式?

(2) 如何使用【切片工具】?切片后可否删除或者合并?

(3) Web 的安全色包括 256 色的说法对吗?

(4) GIF 只能做成动态图片吗?如何制作 GIF 动画?

10.5 综合练习

(1) 制作如图 10-42 所示的商业海报。

制作要求：

① 新建以“海报. psd”为文件名的新文件，在工具箱中将【前景色】设为红色，填充【背景】图层，并将其保存在本章结果文件夹中。

② 在“海报. psd”中绘制如图 10-42 所示的海报样张中的白色瓶子，并打开本章素材文件夹中的“back. png”文件，将其复制到文件“海报. psd”中变换成透视效果。

③ 制作如图 10-42 所示的海报样张中的多个圆环，并将其复制多份放置在合适的位置处。

④ 使用【文本工具】输入如图 10-42 所示的海报样张中的“尽情尽”，“享！”，以及英文文字“ALWAYS ENJOY!”、文字“www. alwaysenjoy. com. cn phone：800-620-472161”。

⑤ 制作完成后，将文件以“海报. psd”为文件名保存在本章结果文件夹中。

图 10-42 商业海报的样张

制作分析：

① 新建文件，按要求填充【背景色】后保存文件。

② 新建【图层 1】，使用【钢笔工具】，绘制半个瓶子，在【路径】调板中将路径转化为选区，使用【油漆桶工具】用白色填充该选区，复制图层并将复制的半个瓶子水平翻转。

③ 使用【移动工具】将半个瓶子移动到合并位置，并合并图层。再使用【油漆桶工具】将选区填充，去除中缝的痕迹，这样制作完瓶子。

④ 将本章素材文件夹中的“back. png”文件打开，全选后将选区复制到“海报. psd”中。使用【移动工具】将图案移动到瓶子的左侧，将图案自由变换到透视效果。

⑤ 复制【图层 2】，使用同样的方法，移动到瓶子的左侧下部，并自由变化到有透视效果，并再次复制图层，将图案水平翻转，使用【移动工具】，将水平翻转的图案移动到瓶子右侧，完成图案制作。

⑥ 新建图层，使用【椭圆选框工具】，在图层中建立正圆选区，居外描边，再选择居内描边，更换描边颜色。使用【魔棒工具】，选择白色描边的圆环，使用【渐变工具】绘制渐变颜色为白到橙到红到蓝色线性渐变。再使用【魔棒工具】选择内部深色描边圆环，选择【渐变工具】并设置颜色为从【前景色】到【背景色】，线性渐变，设置【前景色】为深灰色，渐变填充，制作完一个圆环。

⑦ 使用同样的方法制作另一个圆环，变换色彩，将两个圆环的图层合并，并移动到瓶子右侧。使用同样的方法制作和复制多个圆环，在工具箱中选择【移动工具】，将圆环移动到合适位置，并调整其大小。

⑧ 使用【文字工具】，按要求输入和调整文字。

本例的难点在于综合使用各种工具，在使用【钢笔工具】时要注意半个瓶子的造型，尽量做到瓶身的圆滑。在使用自由变换图案时要使得图案有透视感，近大远小。在制作和放置圆环时应将多数圆环放置在海报中央位置，少数在海报下方，使得画面有气泡上升的感觉。

操作步骤：

① 选择【文件】|【新建】命令，新建文件，宽度为1200像素，高度为1600像素，分辨率为72像素/英寸，以“海报.psd”为文件名保存在本章结果文件夹中。在工具箱中将【前景色】设为R:230/G:0/B:18，填充背景图层，参数如图10-43所示。

② 选择【图层】|【新建】|【图层】命令，新建【图层1】，并在工具箱中选择【钢笔工具】，在画面中间位置建立路径，绘制半个瓶子，如图10-44所示，在【路径】调板中将路径转化为选区，并在工具箱中选择【油漆桶工具】，将工具箱中的前、背景色交换，并使用【前景色】填充该选区，如图10-45所示。复制【图层1】为图层1的副本，选择【编辑】|【变换】|【水平翻转】命令，将复制的半个瓶子翻转，如图10-46所示。

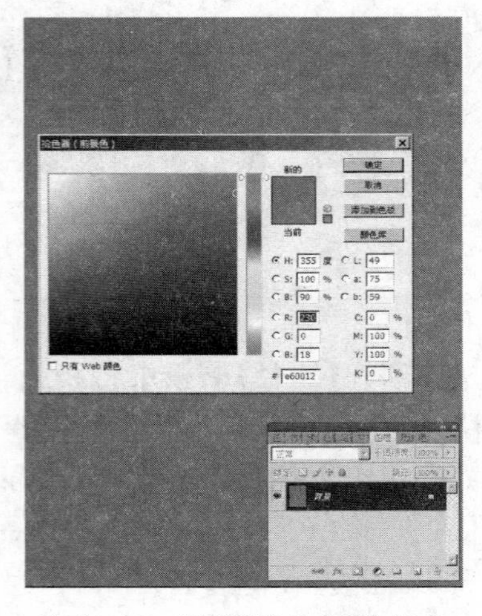

图10-43 设置【前景色】为红色

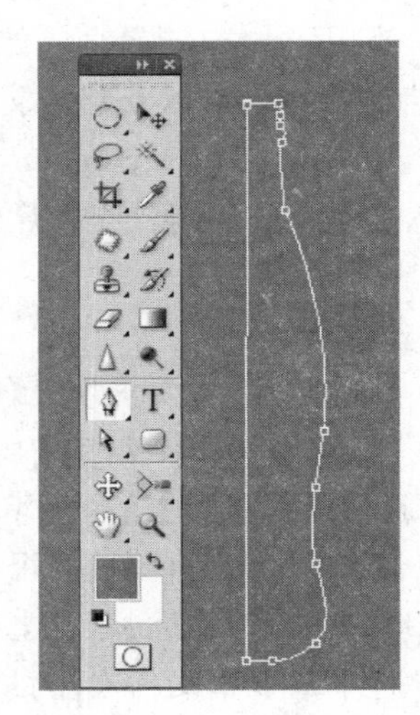

图10-44 建立路径

③ 在工具箱中选择【移动工具】，将半个瓶子移动到合适位置，并合并【图层1】和图层1的副本，单击Ctrl+【图层1】建立选区，如图10-47所示。再使用【油漆桶工具】将选区填充，去除中缝的痕迹，这样制作完成的瓶子，如图10-48所示。

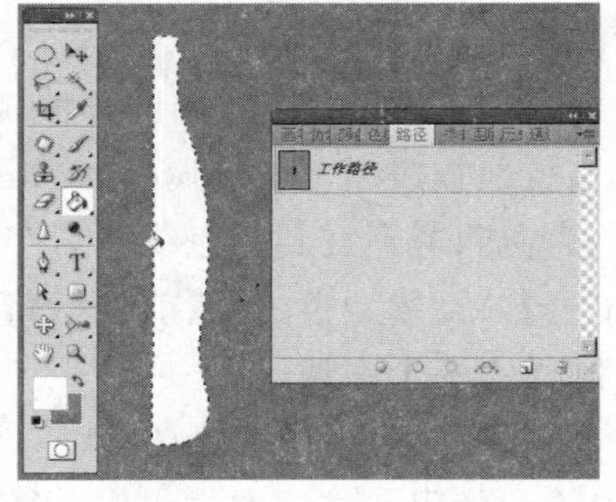

图10-45 路径转换为选区并填充选区

④ 将本章素材文件夹中的“back.png”文件打开，按快捷键Ctrl+A全选，选择【编辑】|【拷贝】命令，再选择【图像】|【粘贴】命令，将选区复制到“海报.psd”中，如图10-49所示。在工具箱中选择【移动工具】，将图案移动到瓶子的左侧，并按Ctrl+T快捷键，将图案自由变换到透视效果，并确认变换，如图10-50所示。

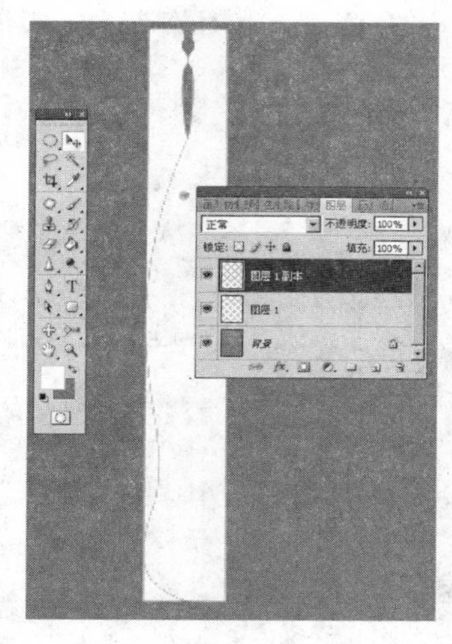

图 10-46　复制图层

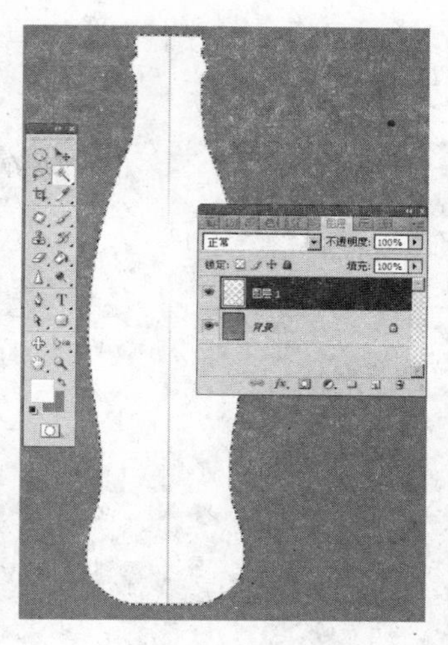

图 10-47　合并图层

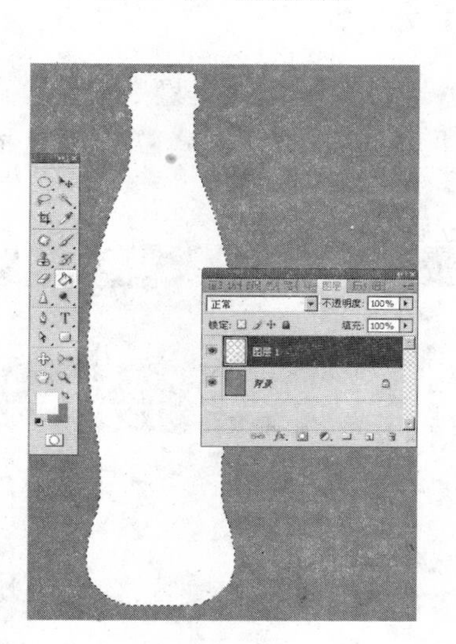

图 10-48　填充选区

图 10-49　复制和粘贴 back

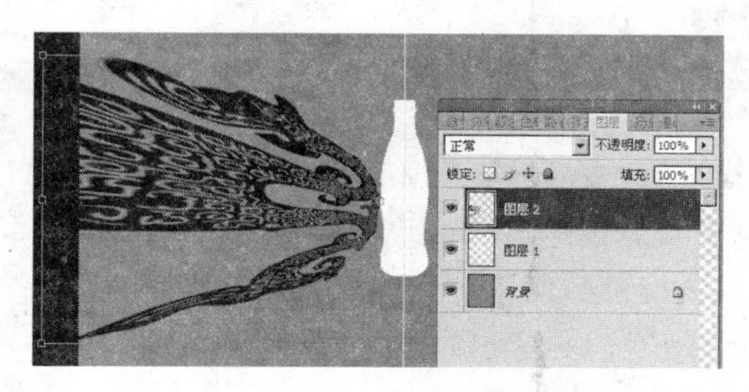

图 10-50　自由变换图案

⑤ 复制【图层 2】,使用同样的方法,移动到瓶子的左侧下部,并自由变化到有透视效果,如图 10-51 所示。将【图层 2】和【图层 2 副本】合并,并再次复制【图层 2】,选择【图层 2 副本】,选择【编辑】|【变换】|【水平翻转】命令,将图案水平翻转,如图 10-52 所示。在工具

箱中选择【移动工具】,将水平翻转的图案移动到瓶子右侧,完成图案制作,如图 10-53 所示。

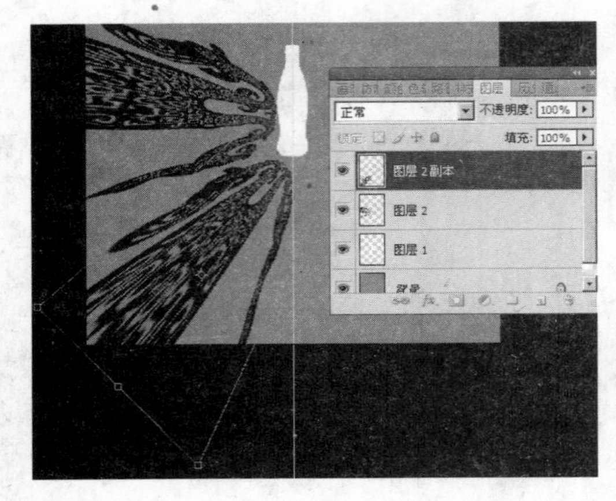

图 10-51　自由变换

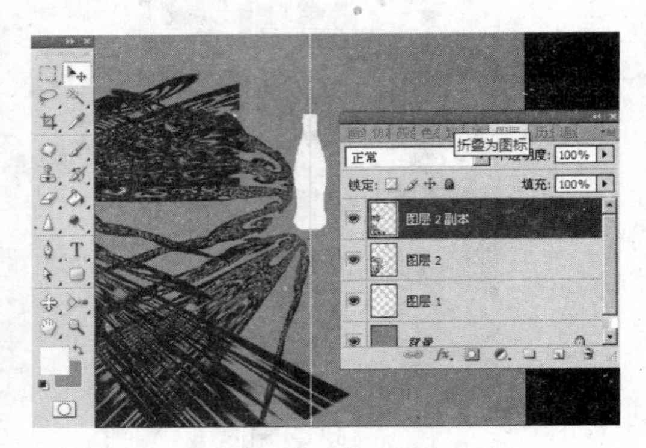

图 10-52　水平翻转图案

⑥ 新建【图层 3】,在工具箱中选择【椭圆选框工具】,在工具选项栏中设置【样式:固定比例】,【宽度】和【高度】为 1∶1。在【图层 3】中建立正圆选区,选择【编辑】|【描边】命令,居外 8 像素描边,参数如图 10-54 所示。

图 10-53　移动图案到瓶子右侧

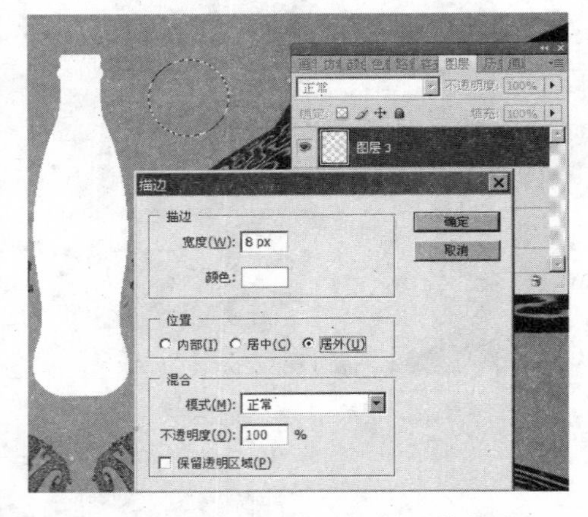

图 10-54　建立正圆选区并居外描边

再选择【编辑】|【描边】命令,居内 6 像素描边,更换描边颜色,参数如图 10-55 所示。在工具箱中选择【魔棒工具】,选择白色描边的圆环,在工具箱中选择【渐变工具】,在工具选项栏中设置渐变颜色为白到橙到红到蓝色,模式为【线性渐变】,如图 10-56 所示。

设置颜色值为:白色(R:255/G:255/B:255),橙色(R:243/G:152/B:0),红色(R:230/G:0/B:41),蓝色(R:34/G:39/B:231)。填充该渐变色。再使用【魔棒工具】选择内部深色描边圆环,选择【渐变工具】,并设置颜色为从【前景色】到【背景色】,线性渐变,设置【前景色】为深灰色(R:75/G:74/B:74),渐变填充,如图 10-57 所示制作完一个圆环。

⑦ 使用同样的方法制作另一个圆环,变换色彩,将两个圆环的图层合并,并将其移动到瓶子右侧,如图 10-58 所示。使用同样的方法制作和复制多个圆环,在工具箱中选择

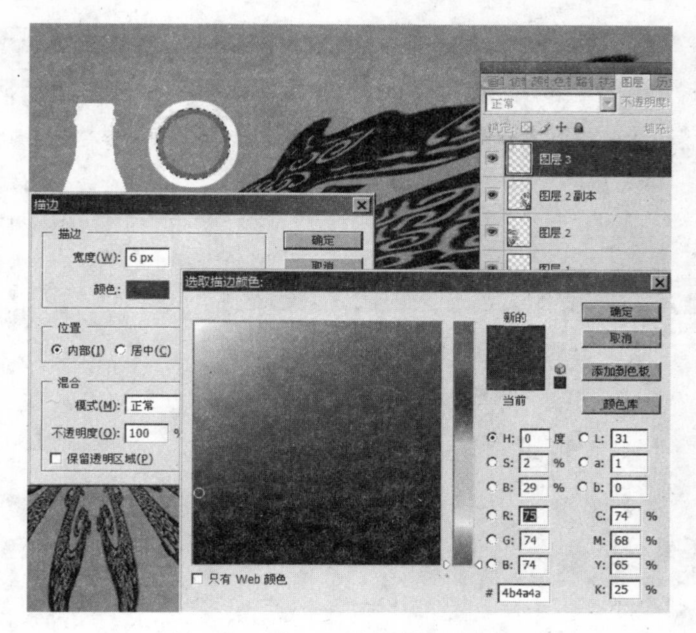

图 10-55　建立正圆选区并居内描边

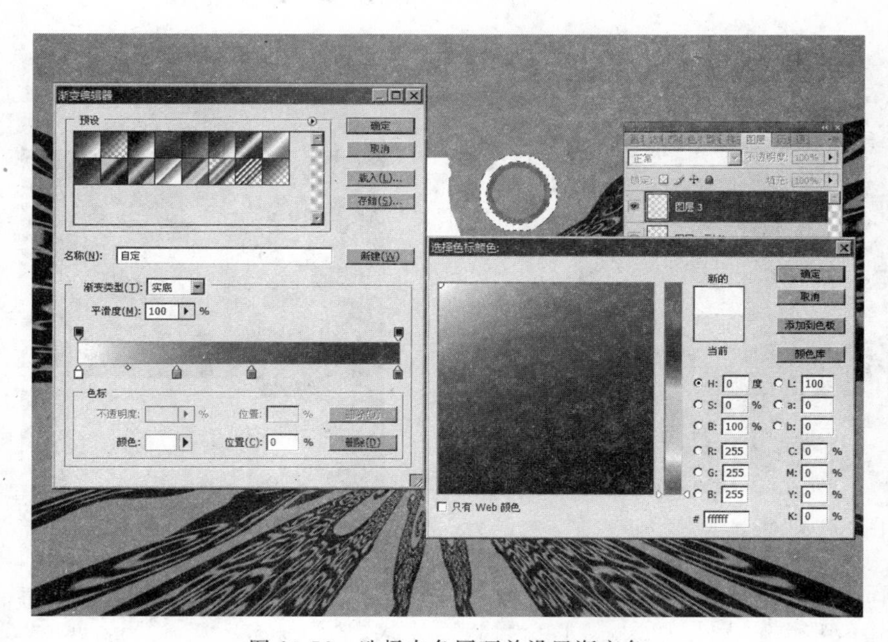

图 10-56　选择白色圆环并设置渐变色

【移动工具】,将圆环移动到合适位置,并按 Ctrl+T 快捷键调整其大小,如图 10-59 所示。

⑧ 新建图层,使用同样的方法制作单层圆环,选择【编辑】|【描边】命令,居外 6 像素描边,参数如图 10-60 所示。多次制作或者复制该图层,变换颜色,在工具箱中选择【移动工具】,将圆环移动到合适位置,并按 Ctrl+T 快捷键调整其大小,如图 10-61 所示。

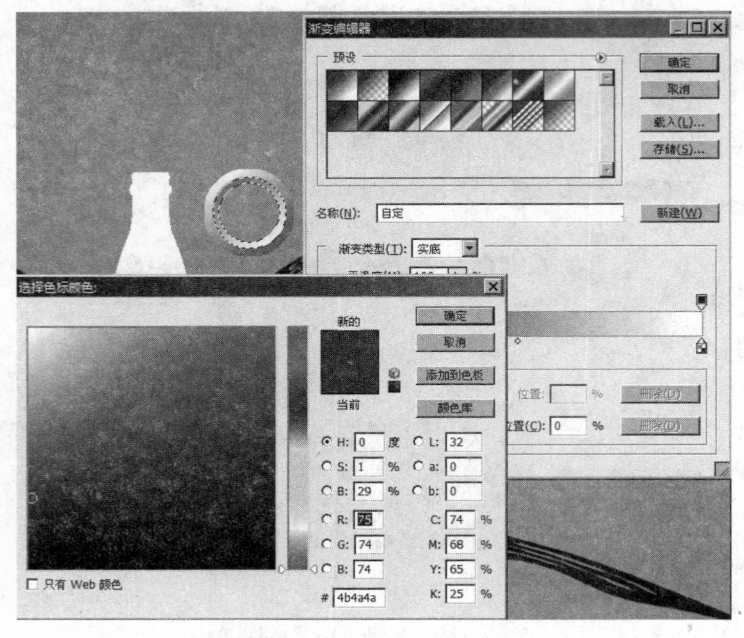

图 10-57　设置从【前景色】到【背景色】填充

图 10-58　再制作一个圆环

图 10-59　多次复制圆环并移动位置调整大小

⑨ 在工具箱中选择【文字工具】，在工具选项栏中设置字体【微软雅黑】，大小 120px，颜色为白色，输入文字"尽情尽"，如图 10-62 所示。再建立文字图层，输入文字"享!"，设置文字大小为 200px，如图 10-63 所示。再次建立文字图层，输入文字"ALWAYS ENJOY!"，设置文字大小为 45px，文字颜色为白色，如图 10-64 所示。将 3 个文字图层的位置调整到瓶子的正上方，并合并 3 个图层，如图 10-65 所示。

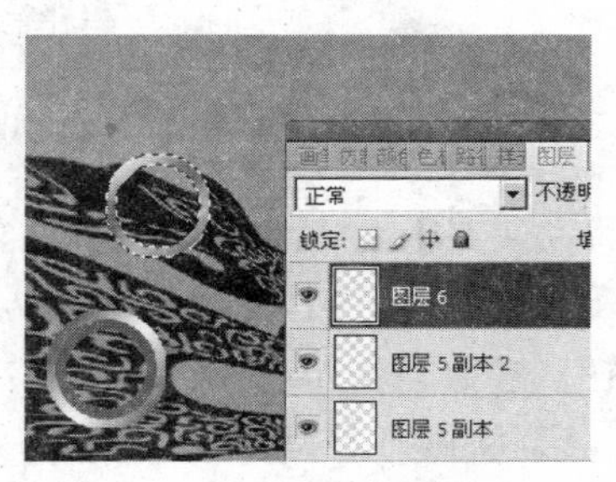

图 10-60　再制作单层圆环

图 10-61　复制和制作单层圆环

图 10-62　输入文字“尽情尽”

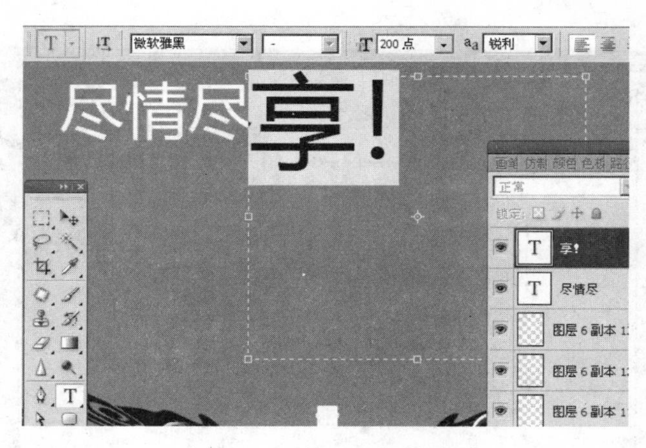

图 10-63　输入文字“享!”

图 10-64　输入文字“ALWAYS ENJOY!”

图 10-65　调整文字位置到瓶子正上方

⑩ 使用【文字工具】输入文字“www. alwaysenjoy. com. cn Phone：800-620-472161”，并设置文字字体为 Arial，文字大小为 24px，文字颜色为白色，并将文字放置于海报底部右侧位置，如图 10-66 所示。为文字设置图层样式为【投影】，如图 10-67 所示。

图 10-66　输入文字并置于海报底部右侧

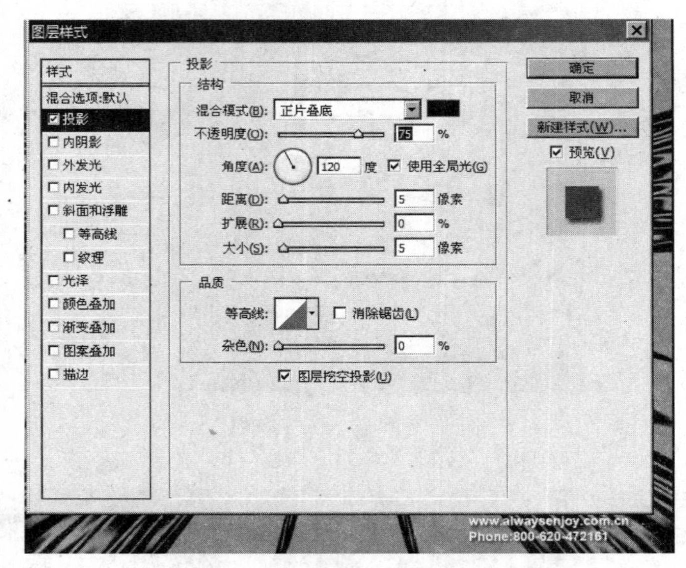

图 10-67　设置文字图层样式为【投影】

⑪ 制作完成后，将图片以“海报. psd”为文件名保存在本章结果文件夹中。

(2) 按照如图 10-68 所示的样张，制作杂志封面，并存另文件名为“Mykid. psd”。

制作要求：

① 建立新文件，设置宽度和高度，【前景色】为蓝色，【背景色】为白色。使用【渐变工具】，填充【背景】图层。以“mykid. psd”为文件名保存在本章结果文件夹中。

② 使用【文字工具】，并设置文字字体、大小、颜色，输入文字“Mykid”，“Mykid. com”和“Mar，2010”字样，并将文字放置在合适位置。

③ 将【前景色】设为浅蓝色，新建【图层 1】，使用【自定义形状工具】，在标题的 i 字母

的圆点处绘制花朵。

④ 新建图层，使用【多边形套索工具】在新图层上绘制等边三角形，设置【前景色】为草绿色，使用【油漆桶工具】将草绿色填充于选区内。

⑤ 使用【直排文字工具】，并设置文字字体，大小和颜色，输入文字“3-7ages”。

图 10-68 杂志封面 Mykid

⑥ 打开本章素材文件夹中的“boy. jpg”，使用【磁性套索工具】，沿着男孩的身体边缘建立选区，将男孩复制到图层中，调整男孩大小和位置。使用【魔棒工具】，将男孩身体边缘的白色选中并删除多余部分。

⑦ 使用【放大镜工具】将画面放大到合适位置，新建【图层 4】，使用【椭圆选框工具】在男孩右手侧面建立圆形选区，并设置【前景色】为蓝色，使用【油漆桶工具】填充选区。

⑧ 选择【图层 3】，使用【橡皮图章工具】，复制男孩大拇指，再选择【加深工具】和【减淡工具】，分别涂抹绘制指甲暗部和高光部分。使用【套索工具】，选择圆形与手交替的部分，删除选区。

⑨ 使用【套索工具】在男孩眼睛部分建立选区，并复制到新图层，使用【加深工具】和【减淡工具】，加深眼睛的瞳孔和眼珠的边缘，减淡瞳孔边缘部分。再选择【画笔工具】绘制瞳孔周围的区域为蓝色，使用【画笔工具】涂抹眼睛的白色高光部分。合并图层，使用【磁性套索工具】，在男孩头部建立选区，将头部的亮度调整。

⑩ 打开本章素材文件夹中的“back2. jpg”，全选后将选区复制到 mykid 文件中，使用【魔棒工具】选择白色部分，删除图片中白色部分。将【图层 5】移动到【图层 3】的下面。

⑪ 打开标尺，移动两条标尺到画面的“M”字母左侧和文字“3-7ages”的右侧，使用【文字工具】，并设置文字字体、大小、颜色，输入文字“28”和“kinds of toy, What do you want, my kid? Toy guide＝what you like?”、“Have a beautiful pregnancy!”，调整文字的位置。

⑫ 使用【文字工具】输入“Calm your children’s biggest fear”、“broken bones getting better!”字样，将文字放置在男孩肩部右侧位置。使用【文字工具】输入“Make it safe, Keep it fun!”、“How to be alone?”字样，颜色为草绿色和白色，将文字放置在男孩腰左侧位置，设置文字图层样式为深蓝色描边。

⑬ 打开本章素材文件夹中的“code. png”文件，复制到 mykid 文件中，调整其大小和位置到男孩的膝盖左侧。在条形码图层下方建立新图层，使用【矩形选框工具】建立矩形选框并以白色填充，设置该图层的透明度。

⑭ 完成制作后，将图片以“Mykid. psd”为文件名保存在本章结果文件夹中。

制作分析：

在制作 Mykid 杂志封面时候，有两个主要的问题必须要注意。

① 在使用加深和减淡工具绘制男孩指甲和眼睛的部分时，应调整好笔尖大小和流量，绘制尽可能自然。

② 在输入段落文字时,应该要先框选再输入,这样文字能自动回行,注意文字的颜色差异和字体及大小的差别。

操作步骤:

① 选择【文件】|【新建】命令,建立新文件,【宽度】为600像素,【高度】为800像素,并设置【前景色】为蓝色(C:6/M:20/Y:0/K:0),【背景色】为白色。如图10-69所示。在工具箱中选择【渐变工具】,在工具选项栏中设置从【前景色】到【背景色】渐变,设置渐变方式为【线性渐变】,填充【背景】图层,如图10-69所示。以"mykid.psd"为文件名保存在本章结果文件夹中。

② 在工具箱中选择【文字工具】,并设置文字字体为【新魏】,文字大小为190点,颜色为(C:87/M:56/Y:16/K:0),输入文字"Mykid",参数如图10-70所示,再使用【文字工具】输入文字"Mykid.com"和"Mar,2010"字样,文字字体为Arial,文字大小为14点,颜色为白色,并将文字放置在标题"Mykid"的合适位置,如图10-71所示。

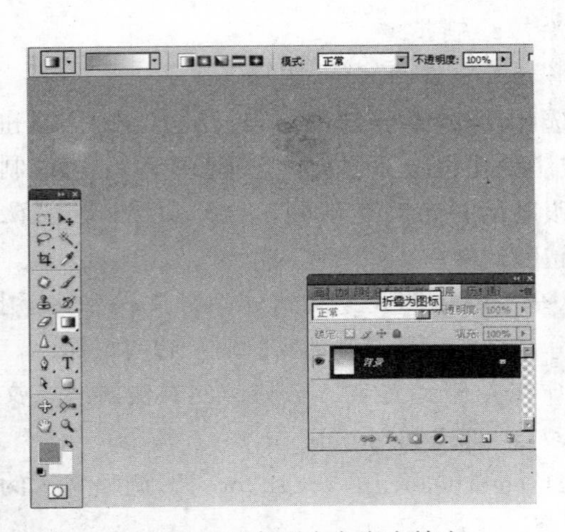

图10-69 蓝色到白色渐变填充

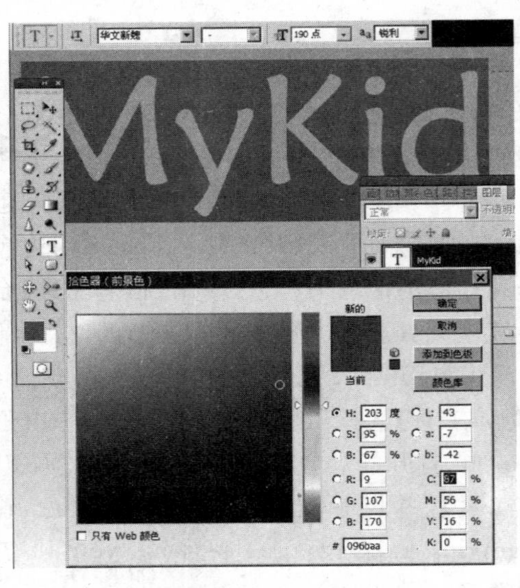

图10-70 选择【文字工具】并输入"Mykid"

③ 将【前景色】设为浅蓝色(C:30/M:9/Y:0/K:0),在【背景】图层上新建【图层1】,在工具箱中选择【自定义形状工具】,在工具选项栏中设置形状,在标题的"i"字母的圆点处绘制花朵,如图10-72所示。

④ 新建图层,并在工具箱中选择【多边形套索工具】,设置羽化值为0,在新图层上绘制等边三角形,位置在标题d字母右侧,如图10-73所示。设置【前景色】为草绿色(C:30/M:0/Y:87/K:0),在工具箱中选择【油漆桶工具】,将草绿色填充于选区内,如图10-74所示。

⑤ 在工具箱中选择【直排文字工具】,并设置文字字体为Arial,文字大小为20点,颜色为(C:73/M:23/Y:100/K:0),输入文字"3-7ages",如图10-75所示。

⑥ 打开本章素材文件夹中的"boy.jpg",在工具箱中选择【磁性套索工具】,沿着男孩的身体边缘建立选区,参数如图10-76所示,选择【编辑】|【拷贝】命令,再到mykid文件中

图 10-71　再次输入文字

图 10-72　绘制花朵

图 10-73　建立三角形选区

图 10-74　以草绿色填充选区

图 10-75　输入文字

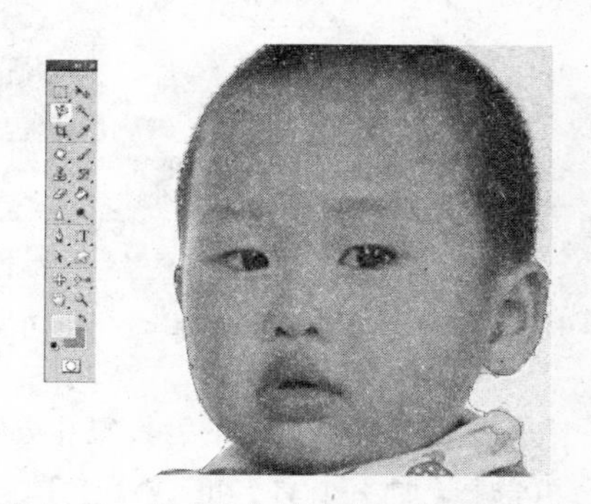

图 10-76　使用【磁性套索工具】建立选区

选择【编辑】|【粘贴】命令，将男孩复制到图层中。按 Ctrl＋T 快捷键，调整男孩大小和位置，如图 10-77 所示。在工具箱中选择【魔棒工具】，将男孩身体边缘的白色选中，并按 Delete 键删除多余部分，如图 10-78 所示。

⑦ 在工具箱中选择【放大镜工具】，将画面放大到合适位置，在男孩【图层 3】下面新建【图层 4】，在工具箱中选择【椭圆选框工具】，在男孩右手侧面建立圆形选区，如图 10-79 所示，并设置【前景色】为蓝色（C：60/M：23/Y：6/K：0），选择【油漆桶工具】填充选区，如图 10-80 所示。

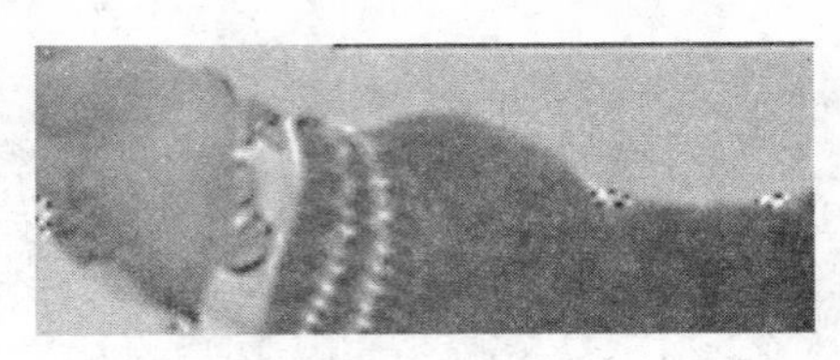

图 10-78　选择白色多余部分并删除

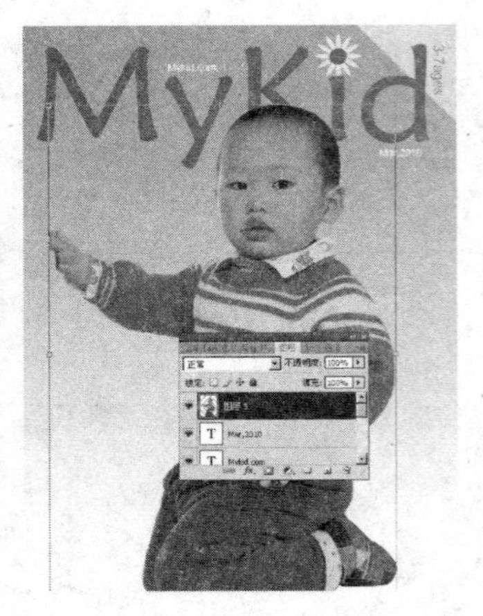

图 10-77　复制选区到 Mykid 并调整大小位置

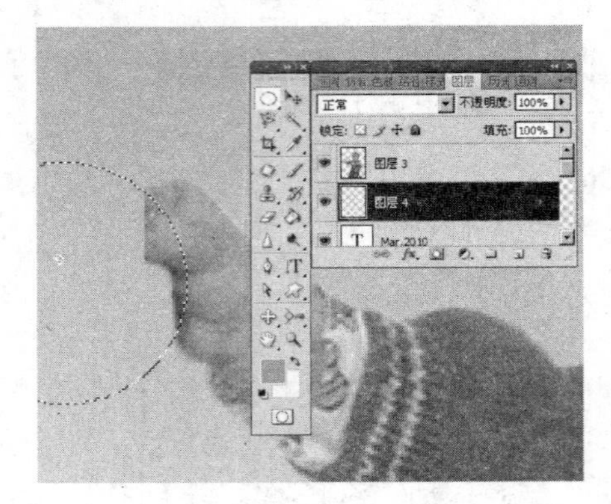

图 10-79　建立圆形选区

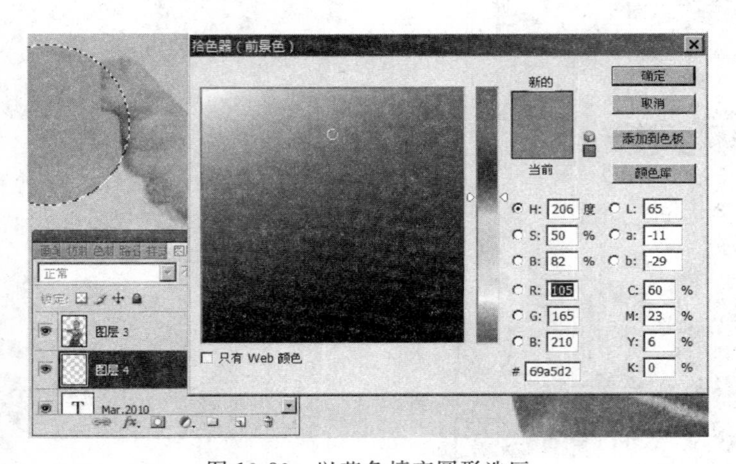

图 10-80　以蓝色填充圆形选区

⑧ 选择【图层 3】，在工具箱中选择【橡皮图章工具】，复制男孩大拇指，如图 10-81 所示，再选择【加深工具】和【减淡工具】，设置【加深工具】的【画笔】为 2 点，【范围】为中间调，

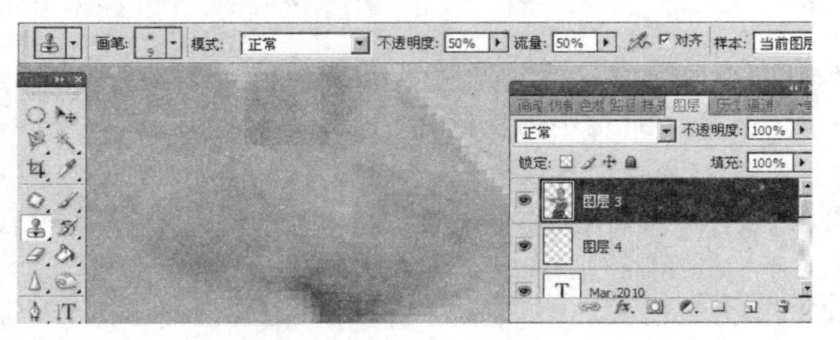

图 10-81　复制大拇指

【曝光度】为 3%,【减淡工具】的【画笔】为 1 点,【范围】为高光,【曝光度】为 3%,分别涂抹绘制指甲暗部和高光部分,如图 10-82 所示。在工具箱中选择【套索工具】,选择圆形与手交替的部分,并按 Delete 键删除,如图 10-83 所示。

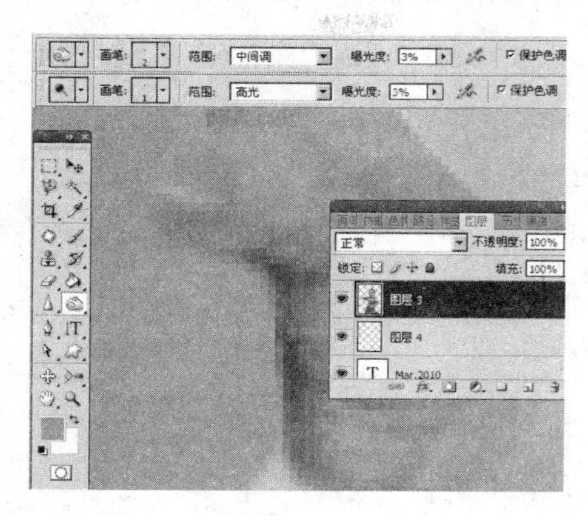

图 10-82　涂抹指甲暗部和亮部

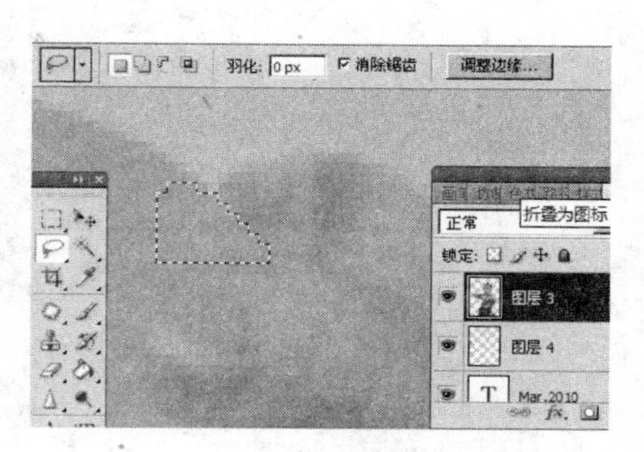

图 10-83　建立选区并删除

⑨ 使用【套索工具】在男孩眼睛部分建立选区,并复制到新图层即【图层 4】中,如图 10-84 所示。使用【加深工具】和【减淡工具】,加深眼睛的瞳孔和眼珠的边缘,减淡瞳孔边缘部分,如图 10-85 所示。再选择【画笔工具】,大小为 1 点,【模式】为正常,【不透明度】为 50%,【流量】为 36%,设置【前景色】为蓝色(C:79/M:58/Y:18/K:0),绘制瞳孔周围的区域为蓝色,再将【前景色】设为白色,使用【画笔工具】涂抹眼睛的白色高光部分,如图 10-86 所示。合并【图层 3】和【图层 4】,使用【磁性套索工具】,在男孩头部建立选区,选择【图像】|【调整】|【亮度对比度】命令,将头部的亮度调整,参数如图 10-87 所示。

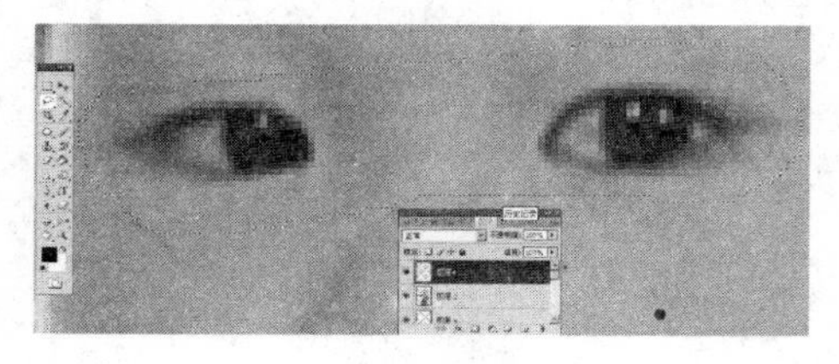

图 10-84　选取眼睛部分并复制

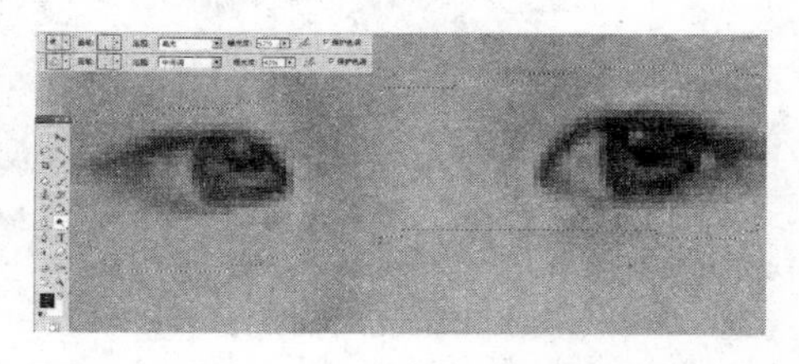

图 10-85　分别加深和减淡眼睛瞳孔和边缘

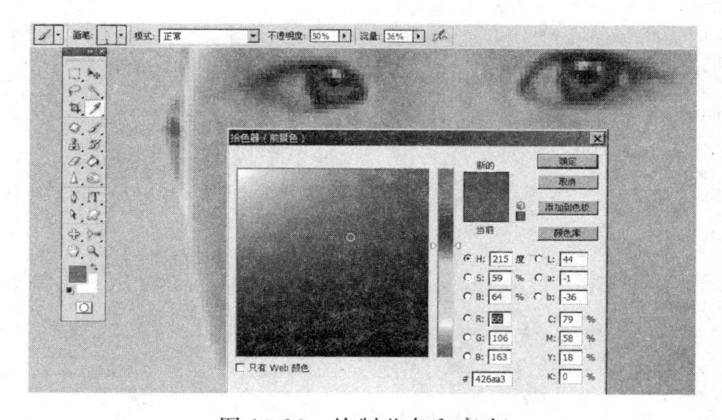

图 10-86　绘制蓝色和高光

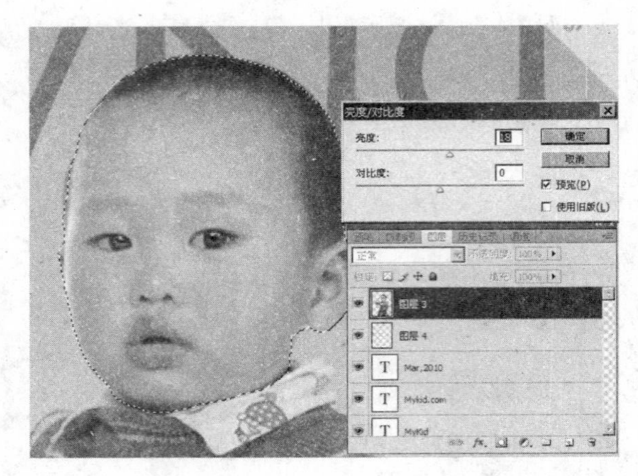

图 10-87　调整皮肤亮度值为 18

⑩ 打开本章素材文件夹中的“back2.jpg”，按组合键 Ctrl＋A 全选，依次选择【拷贝】和【粘贴】命令将选区复制到 Mykid 文件中。在工具箱中选择【魔棒工具】，设置容差值为 32，选择白色部分，并按 Delete 键，删除图片中白色部分，如图 10-88 所示。将【图层 5】移动到【图层 3】的下面，如图 10-89 所示。

图 10-88　拷贝和粘贴 back2

图 10-89　移动图层示意图

⑪ 按 Ctrl＋R 快捷键打开标尺，使用【移动工具】移动两条标尺到画面的“M”字母左侧和文字“3-7ages”的右侧，并在工具箱中选择【文字工具】，并设置文字字体为 Bernard MT，文字大小为 70 点，颜色为白色，输入文字“28”，如图 10-90 所示。再使用【文字工具】输入“kinds of toy, What do you want ,my kid?, Toy guide＝what you like?”、“Have a beautiful pregnancy!”字样，字体为 Berlin Sans FB，文字大小为 20 点，颜色为蓝色(C：90/M：64/Y：13/K：0)和白色(C：0/M：0/Y：0/K：0)，并将文字放置在文字“28”的右侧位置，如图 10-91 所示。

⑫ 使用【文字工具】输入“Calm your children's biggest fear”、“broken bones getting better!”字样，字体为 Arial，bond，文字大小为 12 点，颜色为蓝色和白色，将文字放置在男孩肩部右侧位置，如图 10-92 所示。使用【文字工具】输入“Make it safe, Keep it fun”、“How to be alone?”字样，字体为 Eras BondITC，regular ，文字大小为 60 点和 24 点，颜

图 10-90　输入文字“28”

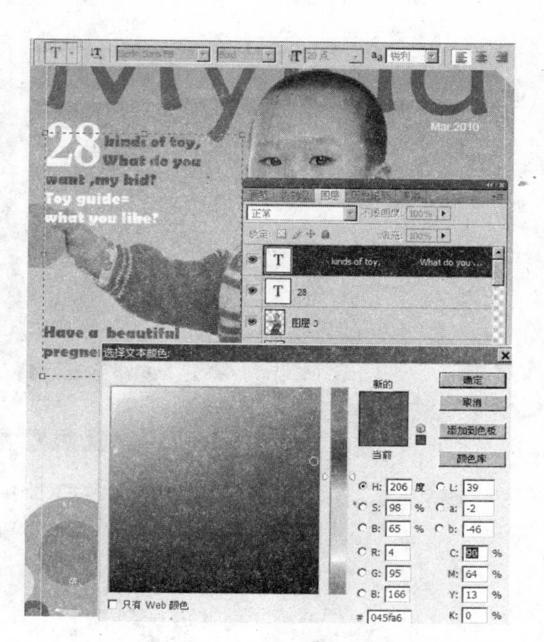

图 10-91　输入段落文字

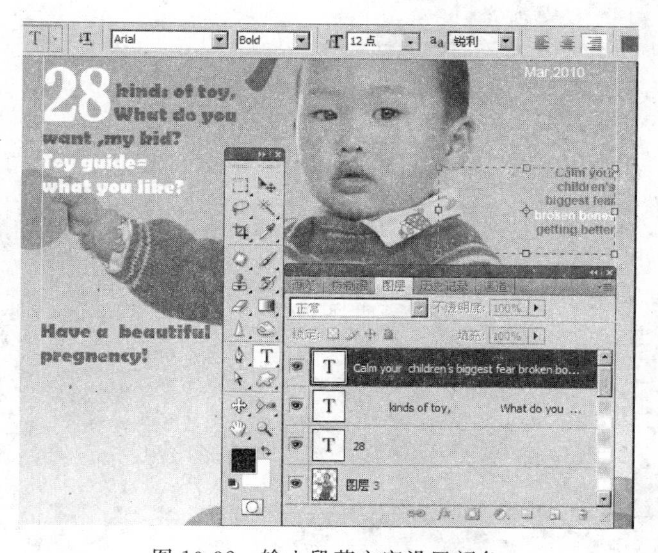

图 10-92　输入段落文字设置颜色

色为草绿色(C:30/M:0/Y:87/K:0)和白色，将文字放置在男孩腰左侧位置，设置文字图层样式为深蓝色(C:89/M:63/Y:32/K:0)描边，结构为 2 像素，如图 10-93 所示。

⑬ 打开本章素材文件夹中的“code. png”文件，复制到 mykid 文件中，按 Ctrl＋T 快捷键调整其大小和位置到男孩的膝盖左侧，如图 10-94 所示。在条形码图层下方建立新图层，使用【矩形选框工具】建立矩形选框并以白色填充，设置该图层的透明度为 60%，如图 10-95 所示。

⑭ 完成制作后，将图片以 Mykid. psd 为文件名保存在本章结果文件夹中。

图 10-93　输入标题文字设置颜色并制作图层样式为描边

图 10-94　复制和粘贴条形码并调整大小和位置

图 10-95　建立矩形选框以白色填充

(3) 请参考(2)题制作杂志封面的方法，制作另一张杂志封面。

打开本章素材文件夹中如图 10-96 所示的图像文件“girl.jpg”，制作如图 10-97 所示的效果，结果文件用“Elia.jpg”为文件名保存在本章结果文件夹中。

图 10-96　原始文件“girl. jpg”

图 10-97　Elia 杂志封面

附录A 练习题参考答案

第1章

1. 选择题

(1) B　(2) C　(3) A　(4) D　(5) B　(6) A

2. 填空题

(1) 矢量图形　(2) 位图图像　(3) 分辨率、像素　(4) 单位面积

(5) 屏幕分辨率、图像分辨率、扫描仪分辨率、打印机分辨率

第2章

1. 选择题

(1) D　(2) D　(3) C　(4) B　(5) A　(6) C

(7) B　(8) C

2. 填空题

(1) 菜单栏、工具选项栏、工具箱、工作窗口、调板组

(2)【存储为】或【存储】、【打开】

(3) Ctrl＋N、Ctrl＋O、Shift＋Ctrl＋S

(4) Bridge CS4

(5) 标准屏幕模式、带菜单的全屏幕显示模式、全屏幕显示模式

(6)【3D】|【从图层新建形状】

(7) 位置、大小

(8) 场景视图

(9) Ctrl

(10)【还原】、【返回】、【历史记录】

第3章

1. 选择题

(1) C　(2) A　(3) B　(4) C　(5) A　(6) C

(7) D　(8) B　(9) C　(10) B

2. 填空题

(1) 套索、【多边形套索】、【磁性套索】

(2)【魔棒工具】、【快速选取工具】

(3) Ctrl＋D

(4) Shift＋M

(5)【选择】|【存储选区】

(6)【选择】|【交换选区】
(7)【选择】|【色彩范围】
(8)【选择】|【载入选区】

第4章

1. 选择题

(1) D (2) A (3) B (4) C (5) A (6) B
(7) C (8) D (9) C

2. 填空题

(1) Shift+拖曳
(2) Alt、【印象派效果】
(3) 径向渐变、角度渐变、对称渐变
(4) 仿制图章
(5) 背景橡皮擦、魔术橡皮擦
(6) 模糊
(7) 减淡
(8) 锐化、滤镜

第5章

1. 选择题

(1) C (2) B (3) A (4) C (5) D (6) D
(7) A (8) C (9) C (10) A

2. 填空题

(1) 精确的视觉效果
(2) 钢笔工具、自由钢笔工具、形状工具组
(3) 路径选择
(4) 路径变形、路径填充、路径描边、路径和选区的互换
(5) 文字蒙版
(6) Shift+T
(7) 路径
(8) 栅格化

第6章

1. 选择题

(1) D (2) B (3) D (4) A (5) C (6) C
(7) D (8) A (9) A

2. 填空题

(1) 吸管 (2) RGB、Lab、CMYK (3) 色调的范围 (4) 色相、饱和度、明度

(5) 黑白 (6) RGB

第 7 章

1. 选择题

(1) B (2) A (3) C (4) B (5) D (6) C

(7) A (8) A

2. 填空题

(1) 不可以、不能改变 (2) Shift (3) Shift (4)【图层】|【图层样式】|【创建图层】

(5) 颜色混合模式和不透明度、矢量蒙版 (6)【纯色】、【渐变】、【图案】

(7) 色彩和色调 (8) 与智能对象关联

第 8 章

1. 选择题

(1) B (2) A (3) B (4) D (5) D (6) C

(7) B (8) C (9) A

2. 填空题

(1) Alpha、专色 (2) 制作的内容、图层 (3) Alpha (4) 专门颜色信息、Alpha

(5) 快速、图层、矢量、剪切 (6) 链接、链接图标 (7)【钢笔工具】或【形状工具】

(8) 基层、内容图层

第 9 章

1. 选择题

(1) C (2) C (3) B (4) A (5) C (6) C

(7) A (8) D (9) D

2. 填空题

(1) 外挂、第 3 方 (2) Ctrl+F (3) 像素、分辨率、也不相同 (4)3D (5) 去除图像中的杂点、划痕 (6) 聚焦 (7) 扭曲、膨胀、折皱 (8) 智能对象

第 10 章

1. 选择题

(1) C (2) D (3) A (4) B (5) A

2. 填空题

(1)【文件】|【储为 Web 和设备所用格式】 (2) 帧、逐帧动画、过渡动画

(3)【动画】、【图层】 (4) 裁剪图像、改变图像的宽度与高度、将局部图像合成为全景图像 (5) 标准模式、按钮模式

参考文献

[1] 锐艺视觉. Photoshop 图像处理经典技法 200 例. 北京:中国青年出版社,2007

[2] 锐艺视觉. Photoshop CS2 特效设计经典 150 例. 北京:中国青年出版社,2007

[3] 曹天佑. Photoshop 中文版标准培训教程. 北京:电子工业出版社,2009

高等学校计算机基础教育教材精选

书　名	书　号
Access 数据库基础教程　赵乃真	ISBN 978-7-302-12950-9
AutoCAD 2002 实用教程　唐嘉平	ISBN 978-7-302-05562-4
AutoCAD 2006 实用教程(第 2 版)　唐嘉平	ISBN 978-7-302-13603-3
AutoCAD 2007 中文版机械制图实例教程　蒋晓	ISBN 978-7-302-14965-1
AutoCAD 计算机绘图教程　李苏红	ISBN 978-7-302-10247-2
C++ 及 Windows 可视化程序设计　刘振安	ISBN 978-7-302-06786-3
C++ 及 Windows 可视化程序设计题解与实验指导　刘振安	ISBN 978-7-302-09409-8
C++ 语言基础教程(第 2 版)　吕凤翥	ISBN 978-7-302-13015-4
C++ 语言基础教程题解与上机指导(第 2 版)　吕凤翥	ISBN 978-7-302-15200-2
C++ 语言简明教程　吕凤翥	ISBN 978-7-302-15553-9
CATIA 实用教程　李学志	ISBN 978-7-302-07891-3
C 程序设计教程(第 2 版)　崔武子	ISBN 978-7-302-14955-2
C 程序设计辅导与实训　崔武子	ISBN 978-7-302-07674-2
C 程序设计试题精选　崔武子	ISBN 978-7-302-10760-6
C 语言程序设计　牛志成	ISBN 978-7-302-16562-0
PowerBuilder 数据库应用系统开发教程　崔巍	ISBN 978-7-302-10501-5
Pro/ENGINEER 基础建模与运动仿真教程　孙进平	ISBN 978-7-302-16145-5
SAS 编程技术教程　朱世武	ISBN 978-7-302-15949-0
SQL Server 2000 实用教程　范立南	ISBN 978-7-302-07937-8
Visual Basic 6.0 程序设计实用教程(第 2 版)　罗朝盛	ISBN 978-7-302-16153-0
Visual Basic 程序设计实验指导　张玉生　刘春玉　钱卫国	ISBN 978-7-302--
Visual Basic 程序设计实验指导与习题　罗朝盛	ISBN 978-7-302-07796-1
Visual Basic 程序设计教程　刘天惠	ISBN 978-7-302-12435-1
Visual Basic 程序设计应用教程　王瑾德	ISBN 978-7-302-15602-4
Visual Basic 试题解析与实验指导　王瑾德	ISBN 978-7-302-15520-1
Visual Basic 数据库应用开发教程　徐安东	ISBN 978-7-302-13479-4
Visual C++ 6.0 实用教程(第 2 版)　杨永国	ISBN 978-7-302-15487-7
Visual FoxPro 程序设计　罗淑英	ISBN 978-7-302-13548-7
Visual FoxPro 数据库及面向对象程序设计基础　宋长龙	ISBN 978-7-302-15763-2
Visual LISP 程序设计(第 2 版)　李学志	ISBN 978-7-302-11924-1
Web 数据库技术　铁军	ISBN 978-7-302-08260-6
Web 技术应用基础 (第 2 版)　樊月华 等	ISBN 978-7-302-18870-4
程序设计教程(Delphi)　姚普选	ISBN 978-7-302-08028-2
程序设计教程(Visual C++)　姚普选	ISBN 978-7-302-11134-4
大学计算机(应用基础·Windows 2000 环境)　卢湘鸿	ISBN 978-7-302-10187-1
大学计算机基础　高敬阳	ISBN 978-7-302-11566-3
大学计算机基础实验指导　高敬阳	ISBN 978-7-302-11545-8
大学计算机基础　秦光洁	ISBN 978-7-302-15730-4
大学计算机基础实验指导与习题集　秦光洁	ISBN 978-7-302-16072-4

大学计算机基础　牛志成	ISBN 978-7-302-15485-3
大学计算机基础　訾秀玲	ISBN 978-7-302-13134-2
大学计算机基础习题与实验指导　訾秀玲	ISBN 978-7-302-14957-6
大学计算机基础教程(第2版)　张莉	ISBN 978-7-302-15953-7
大学计算机基础实验教程(第2版)　张莉	ISBN 978-7-302-16133-2
大学计算机基础实践教程(第2版)　王行恒	ISBN 978-7-302-18320-4
大学计算机技术应用　陈志云	ISBN 978-7-302-15641-3
大学计算机软件应用　王行恒	ISBN 978-7-302-14802-9
大学计算机应用基础　高光来	ISBN 978-7-302-13774-0
大学计算机应用基础上机指导与习题集　郝莉	ISBN 978-7-302-15495-2
大学计算机应用基础　王志强	ISBN 978-7-302-11790-2
大学计算机应用基础题解与实验指导　王志强	ISBN 978-7-302-11833-6
大学计算机应用基础教程(第2版)　詹国华	ISBN 978-7-302-19325-8
大学计算机应用基础实验教程(修订版)　詹国华	ISBN 978-7-302-16070-0
大学计算机应用教程　韩文峰	ISBN 978-7-302-11805-3
大学信息技术(Linux操作系统及其应用)　衷克定	ISBN 978-7-302-10558-9
电子商务网站建设教程(第2版)　赵祖荫	ISBN 978-7-302-16370-1
电子商务网站建设实验指导(第2版)　赵祖荫	ISBN 978-7-302-16530-9
多媒体技术及应用　王志强	ISBN 978-7-302-08183-8
多媒体技术及应用　付先平	ISBN 978-7-302-14831-9
多媒体应用与开发基础　史济民	ISBN 978-7-302-07018-4
基于Linux环境的计算机基础教程　吴华洋	ISBN 978-7-302-13547-0
基于开放平台的网页设计与编程(第2版)　程向前	ISBN 978-7-302-18377-8
计算机辅助工程制图　孙力红	ISBN 978-7-302-11236-5
计算机辅助设计与绘图(AutoCAD 2007中文版)(第2版)　李学志	ISBN 978-7-302-15951-3
计算机软件技术及应用基础　冯萍	ISBN 978-7-302-07905-7
计算机图形图像处理技术与应用　何薇	ISBN 978-7-302-15676-5
计算机网络公共基础　史济民	ISBN 978-7-302-05358-3
计算机网络基础(第2版)　杨云江	ISBN 978-7-302-16107-3
计算机网络技术与设备　满文庆	ISBN 978-7-302-08351-1
计算机文化基础教程(第2版)　冯博琴	ISBN 978-7-302-10024-9
计算机文化基础教程实验指导与习题解答　冯博琴	ISBN 978-7-302-09637-5
计算机信息技术基础教程　杨平	ISBN 978-7-302-07108-2
计算机应用基础　林冬梅	ISBN 978-7-302-12282-1
计算机应用基础实验指导与题集　冉清	ISBN 978-7-302-12930-1
计算机应用基础题解与模拟试卷　徐士良	ISBN 978-7-302-14191-4
计算机应用基础教程　姜继忱　徐敦波	ISBN 978-7-302-18421-8
计算机硬件技术基础　李继灿	ISBN 978-7-302-14491-5
软件技术与程序设计(Visual FoxPro版)　刘玉萍	ISBN 978-7-302-13317-9
数据库应用程序设计基础教程(Visual FoxPro)　周山芙	ISBN 978-7-302-09052-6
数据库应用程序设计基础教程(Visual FoxPro)题解与实验指导　黄京莲	ISBN 978-7-302-11710-0
数据库原理及应用(Access)(第2版)　姚普选	ISBN 978-7-302-13131-1
数据库原理及应用(Access)题解与实验指导(第2版)　姚普选	ISBN 978-7-302-18987-9

书名　作者	ISBN
数值方法与计算机实现　徐士良	ISBN 978-7-302-11604-2
网络基础及 Internet 实用技术　姚永翘	ISBN 978-7-302-06488-6
网络基础与 Internet 应用　姚永翘	ISBN 978-7-302-13601-9
网络数据库技术与应用　何薇	ISBN 978-7-302-11759-9
网络数据库技术实验与课程设计　舒后 何薇	
网页设计创意与编程　魏善沛	ISBN 978-7-302-12415-3
网页设计创意与编程实验指导　魏善沛	ISBN 978-7-302-14711-4
网页设计与制作技术教程(第 2 版)　王传华	ISBN 978-7-302-15254-8
网页设计与制作教程（第 2 版）　杨选辉	ISBN 978-7-302-10686-9
网页设计与制作实验指导（第 2 版）　杨选辉	ISBN 978-7-302-10687-6
微型计算机原理与接口技术(第 2 版)　冯博琴	ISBN 978-7-302-15213-2
微型计算机原理与接口技术题解及实验指导(第 2 版)　吴宁	ISBN 978-7-302-16016-8
现代微型计算机原理与接口技术教程　杨文显	ISBN 978-7-302-12761-1
新编 16/32 位微型计算机原理及应用教学指导与习题详解　李继灿	ISBN 978-7-302-13396-4
新编 Visual FoxPro 数据库技术及应用　王颖　姜力争　单波　谢萍	ISBN 978-7-302-